气象信息化实用技术丛书

U0952321

WRF数值模拟应用与实践

卢楚翰　鲍　艳　刁一伟　魏建芬　汤艺琼／编著

气象出版社
China Meteorological Press

内容简介

中尺度气象数值模拟是气象学中重要的技术，其专注于覆盖数百千米范围、时间跨度从几小时到几天的天气现象模拟与预报。随着计算机技术和气象科学的进步，基于WRF模式的中尺度数值模拟在气象学中产生了广泛而深刻的影响，被广泛应用于气象预报、科研、空气质量预报、局地气候研究、农业决策、水资源管理、能源规划等众多行业。高精度的天气和气候预测，以及对复杂天气现象的深入解析，使WRF模式成为现代气象研究和应用的关键工具。虽然WRF模式在多个领域有广泛应用，但由于其操作主要在非图形用户界面下的Linux/Unix系统进行，所以需要读者具备基础知识和实践能力。然而，国内尚缺乏相关课程教材。本教材以WRF模式为例，介绍基础知识、操作步骤和应用技巧，旨在帮助读者更好地理解中尺度数值模拟，为未来研究和应用提供参考。

图书在版编目（CIP）数据

WRF数值模拟应用与实践 / 卢楚翰等编著. -- 北京 : 气象出版社, 2024. 7. -- ISBN 978-7-5029-8231-7

Ⅰ. P45

中国国家版本馆CIP数据核字第2024Y6B506号

WRF数值模拟应用与实践

WRF Shuzhi Moni Yingyong yu Shijian

卢楚翰　鲍　艳　刁一伟　魏建芬　汤艺琼　编著

出版发行：气象出版社

地　　址：北京市海淀区中关村南大街46号　　**邮政编码**：100081

电　　话：010-68407112(总编室)　010-68408042(发行部)

网　　址：http://www.qxcbs.com　　**E-mail**：qxcbs@cma.gov.cn

责任编辑：黄海燕　　**终　　审**：张　斌

责任校对：张硕杰　　**责任技编**：赵相宁

封面设计：地大彩印设计中心

印　　刷：三河市君旺印务有限公司

开　　本：787 mm×1092 mm　1/16　　**印　　张**：7.25

字　　数：165千字

版　　次：2024年7月第1版　　**印　　次**：2024年7月第1次印刷

定　　价：50.00元

本书如存在文字不清、漏印以及缺页、倒页、脱页等，请与本社发行部联系调换

前　言

WRF 模式(Weather Research and Forecasting Model)是一种广泛应用于天气和气候研究的数值天气预报模式。它是由美国国家大气研究中心(National Center for Atmospheric Research, NCAR)和美国国家海洋大气局(National Oceanic and Atmospheric Administration, NOAA)等机构合作开发的新一代开源模式,可由全球范围内的科研团体和气象机构共同参与模式的发展和改进。WRF 模式在大气科学领域扮演着重要的角色,为研究人员和气象预报员提供了一个强大而灵活的工具,用于理解和模拟大气过程。

本书主要依据 WRF 官网内容,同时结合作者近年来在中尺度气象学中的科研工作以及在无锡学院中的 WRF 实践教学情况,针对中尺度气象科研与业务中的一些具有代表性的应用范例进行分析与讲解,使读者能够对 WRF 的安装与应用得以理解与掌握。具体章节安排如下:第 1 章介绍 WRF 模式的特点与功能;第 2 章介绍 WRF 的运行环境部署以及相关的 Linux 基本操作命令;第 3 章介绍 Linux 环境下 WRF 模式的编译与安装;第 4 章和第 5 章分别介绍 WRF 模式的前处理模块 WPS 以及 WRF 模式主模块,主要是 ARW 模块的输入数据准备、运行配置文件编辑以及应用范例;第 6 章、第 7 章分别通过台风和强降水个例的 WRF 模拟实践,包括数据的前处理、运行配置文件、模式结果的可视化以及结果分析进行介绍。

本教材旨在介绍中尺度气象数值模拟的最新应用和发展前沿,加深读者对这一领域的深入了解。随着计算能力的不断提升和气象科学的发展,中尺度数值模拟在天气预报、气候研究、灾害预警等方面发挥着越来越重要的作用。希望通过本教材,读者能够了解中尺度数值模拟在不同领域的应用,以及在技术、方法和数据方面的最新进展。这将有助于该领域的进一步发展,以提升气象科学在社会中的作用。无论您是气象领域的专业人士、科研人员,还是对气象学感兴趣的读者,相信本教材将为您带来有益的知识和见解。

本书在编写过程中,得到了无锡学院及其教务处、大气与遥感学院的大力支持,在此向他们表示诚挚的谢意。同时感谢无锡学院气象专业学位硕士培育点建设项目、无锡学院校级教材建设项目(编号:XYJG23021)为本书的撰写提供了经费支持。本书由无锡学院大气与遥感学院中尺度气象学课程团队共同编著，前言和第 1 章由卢楚翰老师撰写，第 2 章、第 3 章由刁一伟老师撰写，第 4 章、第 5 章分别由汤艺琼、魏建芬老师撰写，第 6 章和第 7 章由鲍艳老师撰写，费蓉老师也提供了帮助，在此感谢大家的辛勤付出。

由于作者学识有限且时间仓促，书中谬误在所难免，敬请读者批评指正。

作者

2024 年 1 月

目　录

第1章 绪 论

中尺度气象数值模拟是气象学领域中的一项重要技术，它着重于模拟和预测数百千米范围内的大气现象，涵盖了从几小时到几天的时间尺度。随着计算机技术的飞速发展和气象科学的不断深入，中尺度数值模拟在气象学领域的应用正呈现出前所未有的广泛而深刻的影响。中尺度数值模拟方法已被应用于气象预报和短期预警、科学研究和模式评估、空气质量预报、局地气候研究、农业决策支持、水资源管理、能源规划与管理等方面。

中尺度气象数值模拟以其高精度的天气和气候预测，以及对复杂天气现象的深入解析，成为现代气象研究和应用的重要工具之一。中尺度气象数值模拟技术是大气科学专业的本科生以及研究生需要理解与掌握的重要知识。

虽然中尺度气象数值模拟在许多领域都有广泛应用，但由于该技术主要在非图形用户界面下的 Linux/Unix 操作系统以命令行的形式进行操作，因此，需要读者们掌握一定的基础知识以及实践操作能力，但目前我国尚没有相应的应用与实践教材。因此，本教材将结合当前国际上应用最为广泛的中尺度气象数值模式 WRF(Weather Research and Forecasting Model)，带领读者们了解相关的基础知识、基本的操作步骤以及实验设计的主要应用技巧并探讨中尺度数值模拟的应用前沿。希望读者通过阅读本教材，能够更好地了解中尺度气象数值模拟的基本操作与应用，为未来的研究和应用提供启示。

1.1 WRF 模式简介

WRF 模式是一种现代中尺度数值天气预报系统，旨在用于大气研究和业务预报应用。它拥有两个动力核心、一个数据同化系统与一个支持并行计算和系统可扩展性的软件架构。它为大气过程提供了众多选项，并可以在多种计算平台上运行。WRF 模式可在数十米到数千千米尺度的范围内服务于广泛的气象应用。

WRF 的开发工作始于 20 世纪 90 年代末，其开发者包括美国国家大气研究中心(NCAR)、美国国家海洋大气局(NOAA)、美国国家环境预报中心(NCEP)和地球系统研究实验室(ESRL)等。

对于研究人员，WRF 可以基于实际大气条件(即来自观测和分析)或理想化条件进行模拟。WRF 为业务预报提供了灵活且计算效率高的平台，同时反映了来自众多研究机构开发人员的物理、数值和数据同化方面的最新进展。当前，WRF 拥有一个庞大的全球用户(截至

2021 年，在 160 多个国家累计注册用户超过 55000 人），并且 NCAR 定期为其提供研讨会和教程。截至 2024 年 6 月，最新版本为 WRF4.5，具体模式介绍、代码下载以及用户使用说明可访问网址 https://www.mmm.ucar.edu/models/wrf 详细了解。

WRF 模式的主要流程如图 1.1 所示，主要组成部分包括：前处理系统（WRF Preprocessing System，WPS）、初始化（实时模拟与理想化模拟）、WRF 求解器（WRF-ARW Solver）、WRF 数据同化（WRFDA）以及后处理、分析和可视化工具。表 1.1 对每部分作简单介绍。

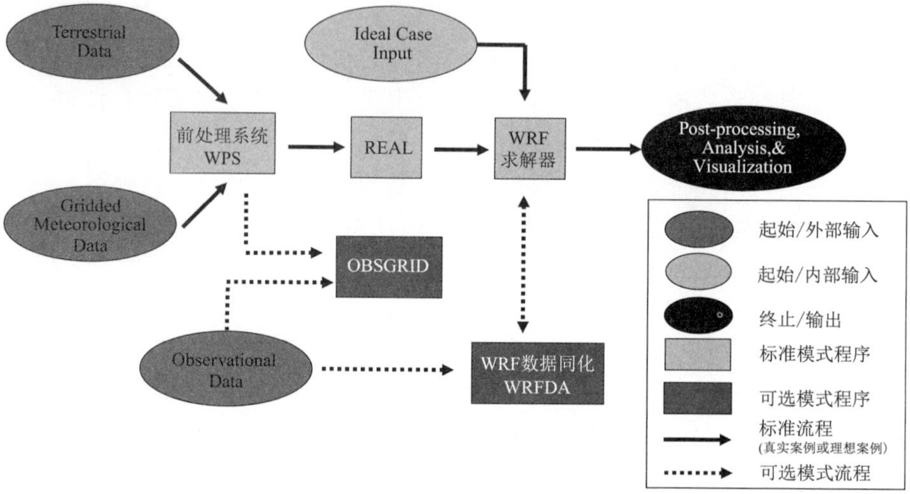

图 1.1 WRF 模式系统流程

（源自 https://www2.mmm.ucar.edu/wrf/users/wrf_users_guide/build/html/overview.html）

Terrestrial Data：地形数据；Gridded Meteorological Data：气象格点数据；Observational Data：观测数据；

Ideal Case Input：理想实验输入；REAL：实时模拟；OBSGRID：数据分析；

Post-processing，Analysis，& Visualization：后处理、分析和可视化

表 1.1 WRF 各部分研究与功能应用简介

研究应用	功能应用
参数化	理想化模拟
数据同化	实时数值天气预报
预报	地球系统模式耦合
热带气旋	模式培训和教育支持
区域气候	
野火	

1.2　WRF 前处理系统(WPS)

WPS 用于实际数据模拟。其功能包括：①定义模拟区域；②将地球数据(例如地形、土地利用和土壤类型)插值到模拟区域；③从外部模式数据解码并将气象输入数据插值到模拟区域。

WRF 模式能够模拟实际数据和理想数据个例。ideal. exe 是一个在受控环境中进行模拟的程序。理想化模拟是从现有探空资料中包含的初始条件文件开始的，并假设一个简化的地形。实际数据个例模拟使用 WPS 的输出，其中包括从先前设定或者运行的外部分析场或预测模式(例如 GFS)生成的气象输入作为 real. exe 程序的输入。

1.3　WRF 求解器(WRF-ARW Solver)

wrf. exe 程序是该建模系统的主要组成部分。其主要特点包括：完全可压缩的非静力方程(可选择静力平衡选项)；完整的科里奥利项和曲率项；基于质量的混合 σ-压力垂直坐标；采用 Arakawa C 格网阵列；基于预测变量的标量守恒通量形式；上边界吸收和瑞利阻尼；提供多种可供选择的侧边界条件，如理想化情况下的周期边界条件、对称边界条件和开放边界条件，真实情况下有松弛区域的指定边界条件；物理过程模块包含陆面、行星边界层、大气和地表辐射、云微物理和积云对流的完整物理过程选项；采用地形重力波拖拽方案。

地图投影方式包括极地立体投影、兰勃特投影、墨卡托投影、可旋转的经纬度投影。

1.4　WRF 数据同化(WRFDA)

WRF 数据同化(WRFDA)是一个可选程序，用于将观测数据纳入由 WPS 创建的插值分析中。它还可以通过在"循环"模式下运行以更新 WRF 模式的初始条件。

1.5　后处理、分析和可视化工具

支持多种后处理程序，包括基于 NCAR 图形库的 RIP、NCAR 图形命令语言(NCL)以及其他常用图形包(如 GrADS)的转换程序。

第 2 章 运行环境部署与 Linux 基本操作

2.1 虚拟机与 Linux 系统简介

Linux 系统是安装和运行 WRF 模式的基础环境，除了需要提前配置 Linux 操作系统，还需准备大量依赖库、全流程上的编译和安装等。这些过程对于新手来讲具有很高的难度，因此，首先需要熟悉 Linux 系统，掌握基础命令和基本依赖库编译方法，为 WRF 模式的运行打下坚实的基础。

考虑到读者可能第一次接触 Linux 系统，为方便系统安装和环境部署，这里采用 VirtualBox 和 Rocky Linux 搭建一个服务于 WRF 模式的虚拟系统环境。

VirtualBox 是一款开源虚拟机软件，由德国 Innotek 公司开发、Sun Microsystems 公司出品的软件，使用 Qt 编写，在 Sun 被 Oracle 收购后正式更名为 Oracle VM VirtualBox。用户可以在 VirtualBox 上安装并执行 UNIX、Linux 和 Windows 等作为客户端操作系统。

Rocky Linux 是一个开源、社区拥有和管理、免费的企业 Linux 发行版，提供强大的生产级平台，可作为 CentOS(Community Enterprise Operating System)停止维护(改为滚动更新的 Stream 版)后，Red Hat Enterprise Linux(RHEL)的下游 Linux 操作系统替代方案，并继承了原 CentOS 的开源特征。目前，Rocky Linux 被广泛用于云计算、高性能集群和各类科研平台。

2.2 虚拟系统安装和配置

2.2.1 VirtualBox 虚拟机安装

打开 Oracle VM VirtualBox 下载页面(https://www.virtualbox.org/wiki/Downloads)并选择“Windows Hosts”，下载可执行文件(图 2.1)。

双击 VirtualBox 安装文件，选择默认安装选项，若安装过程中遇到缺少 Microsoft Visual C++运行环境的错误提示“Oracle VM VirtualBox7.0.0 needs the Microsoft Visual C++ 2019 Redistributable Package being installed first. Please install and restart the installation of Oracle VM VirtualBox 7.0.0”，则需要先安装一个最新版的“Microsoft Visual C++ Redistributable packages”后，再继续完成安装。

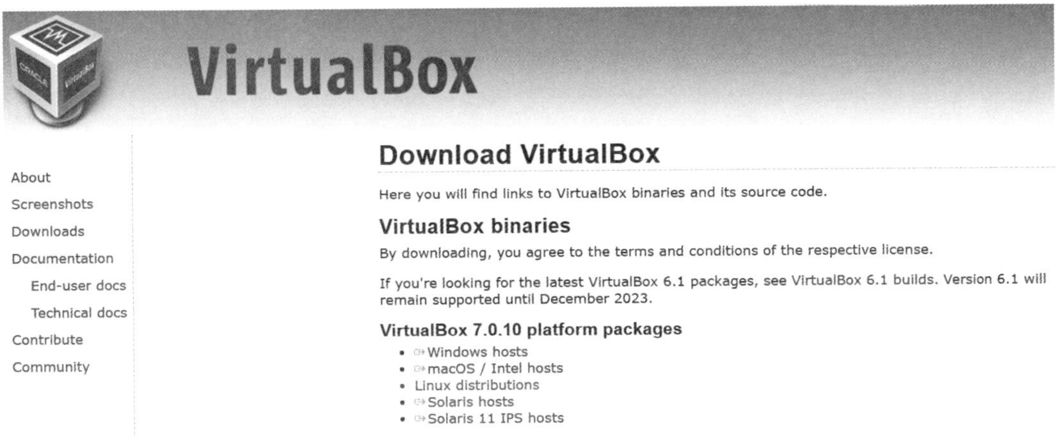

图2.1　Oracle VM VirtualBox官方下载页面

2.2.2　Rocky Linux下载

从官网(https://rockylinux.org/download)下载Rocky Linux v8 ISO文件(图2.2)。

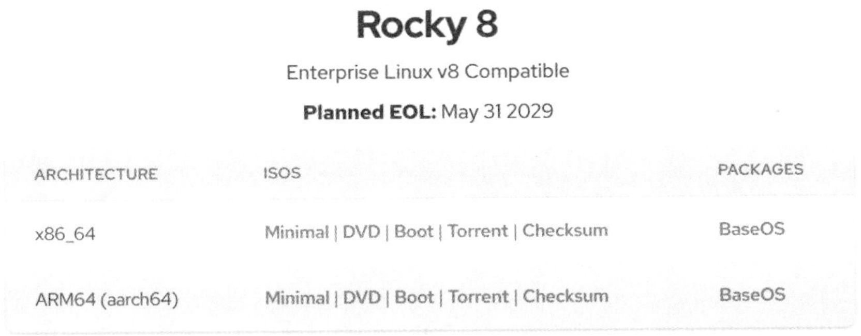

图2.2　Rocky Linux下载页面

2.2.3　创建Rocky Linux虚拟机

启动VirtualBox,单击“新建”按钮(图2.3)。

进入虚拟机创建向导,即新建虚拟电脑。在此步骤中,对虚拟机做如下设置:

(1)虚拟电脑名称与操作系统:创建虚拟电脑的名称、默认文件夹和Rocky Linux ISO镜像文件所在路径(图2.4)。

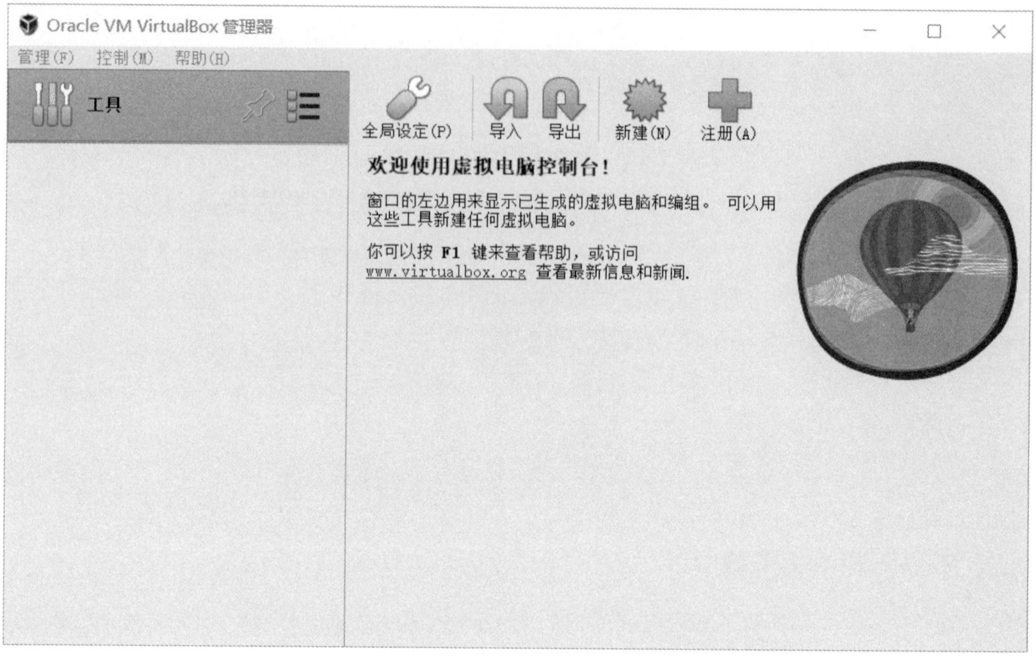

图 2.3　Oracle VM VirtualBox 启动界面

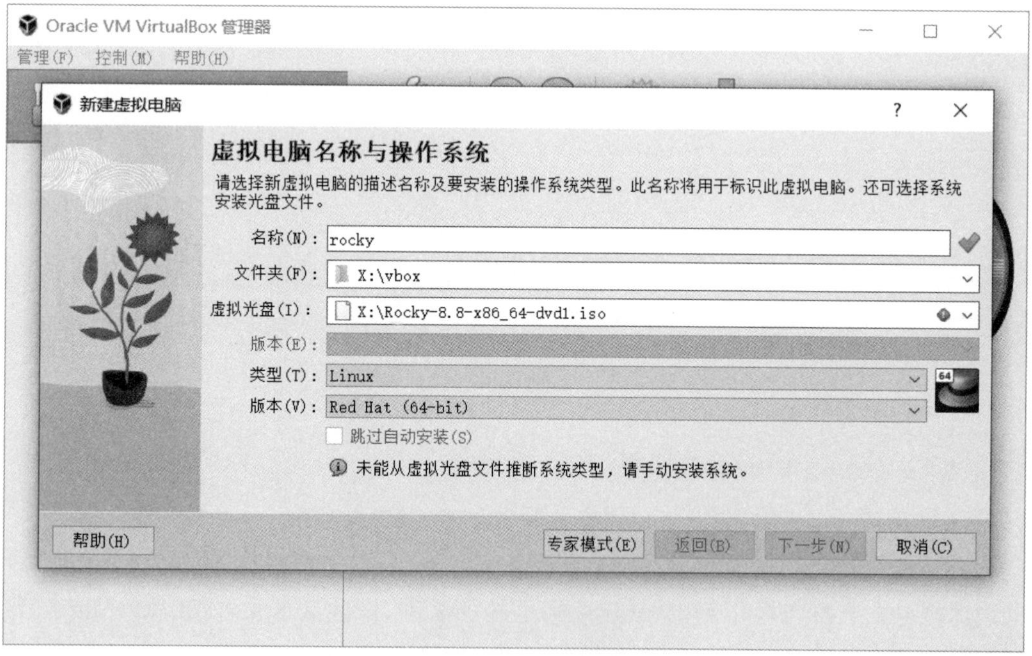

图 2.4　新建虚拟电脑名称和操作系统

（2）虚拟机硬件设置：建议使用主机 50％的内存容量和 CPU 核心数量（图 2.5）。

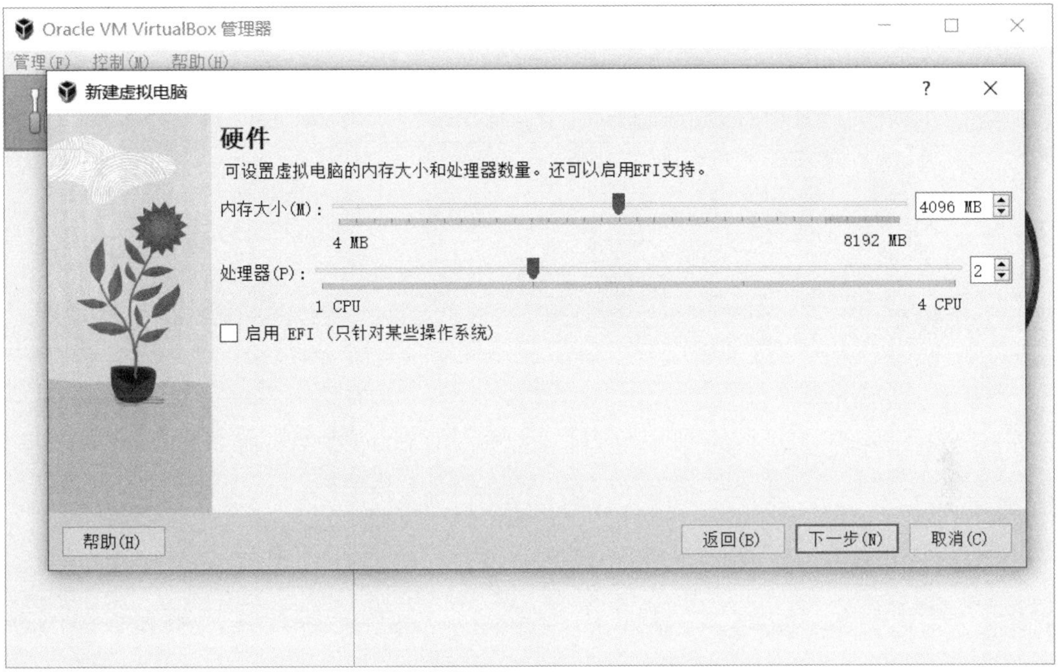

图 2.5　新建虚拟电脑 CPU 和内存硬件配置

（3）配置虚拟机硬盘：为满足 WRF 模式数据资料和模式资料的存储，建议给虚拟机分配不少于 200 GB 的硬盘容量（图 2.6）。点击完成，此时新建虚拟机的基础配置已全部完成（图 2.7）。

（4）新建虚拟机显存设置：点击“设置”，将“显存大小”设置为最大值，以满足 WRF 模式数据显示和后处理软件运行（图 2.8）。

2.2.4　在虚拟机中安装 Rocky Linux 系统

请单击菜单栏上的“启动”按钮或双击左侧栏的 Rocky 虚拟机图标。虚拟机启动后，将出现一个带有菜单选项列表的画面，选择第一个选项“Install Rocky Linux 8.8”，并按 ENTER 键进行安装（图 2.9）。

系统启动时，会显示设备检查、文件系统创建等一系列的启动引导信息（图 2.10）。

系统引导结束后，出现图形安装界面（图 2.11），欢迎页面会提示“选择安装语言”，建议选择“English”为首选语言，然后单击“继续”。

下一个安装界面为“安装摘要”窗口，它是安装开始之前需要配置的各种组件。这些组件分为以下部分：Installation Destination（安装分区创建）、Language Support（语言支持）、Software Selection（软件选择）、Root Password（根用户密码设置）等（图 2.12）。

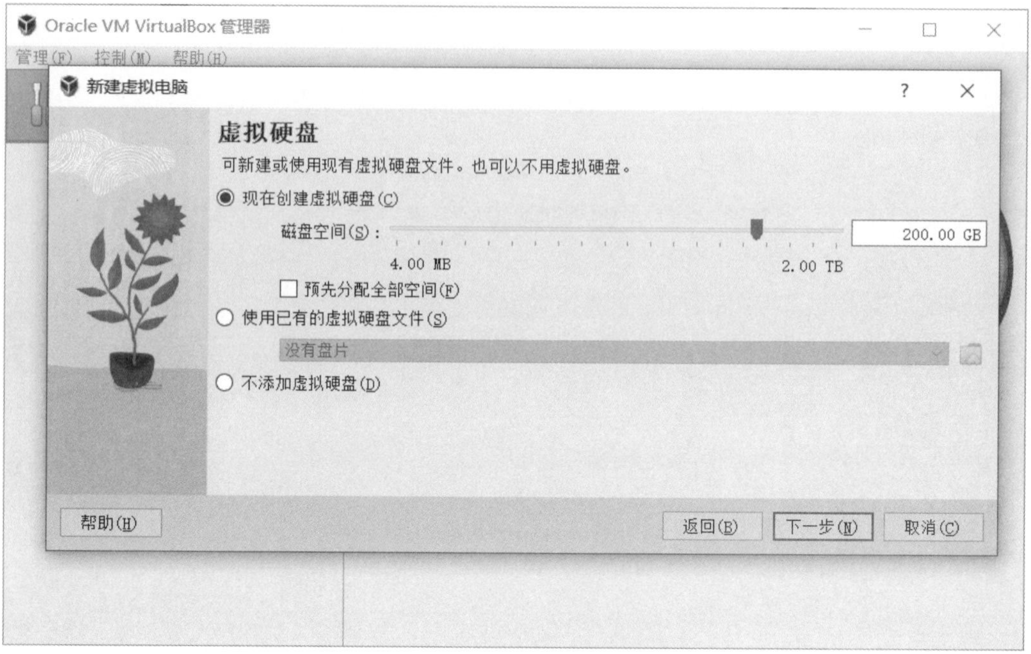

图 2.6　新建虚拟电脑硬盘配置

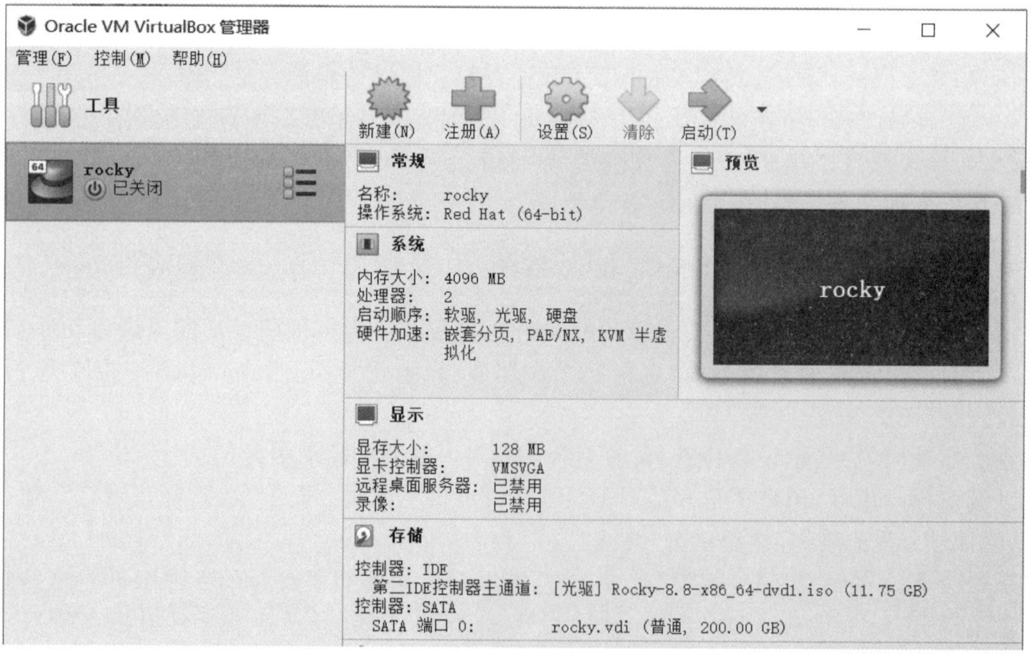

图 2.7　已完成基础配置的虚拟电脑

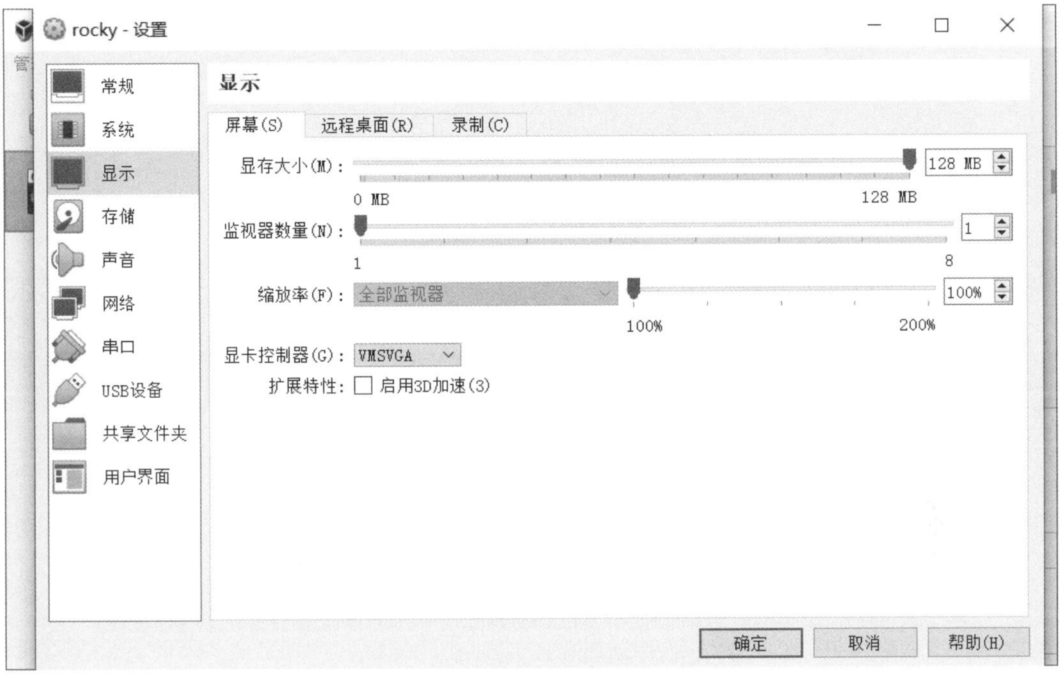

图 2.8　新建虚拟电脑显存配置

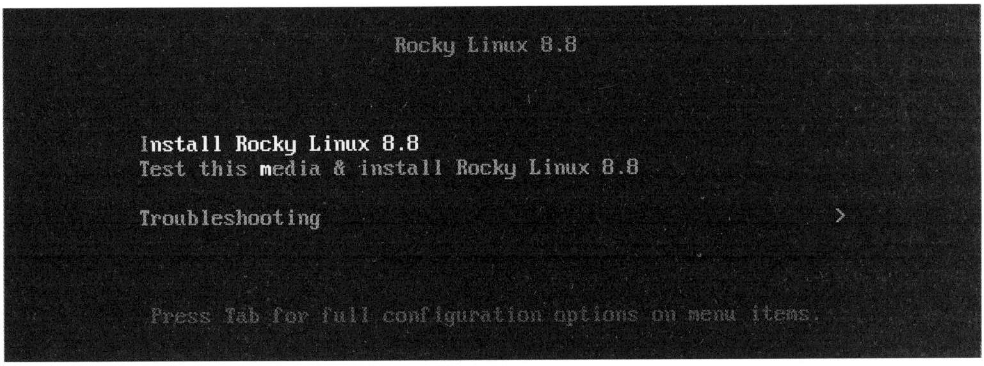

图 2.9　Rocky Linux 安装启动画面

单击“Installation Destination”,选择“Automatic”自动分区,安装程序智能地对硬盘驱动器进行分区并分配文件系统和分区大小,最后点击“Done”完成设置(图 2.13)。

“Software Selection”软件选择部分显示了一系列可供选择的基本环境以及用于所选环境的附加软件(图 2.14)。这里选择“Workstation”工作站基础环境,并在附加软件里面选择 WRF 模式运行和开发所需的基础库软件:Gnome Application,Legacy UNIX Compatibility,Development Tools。

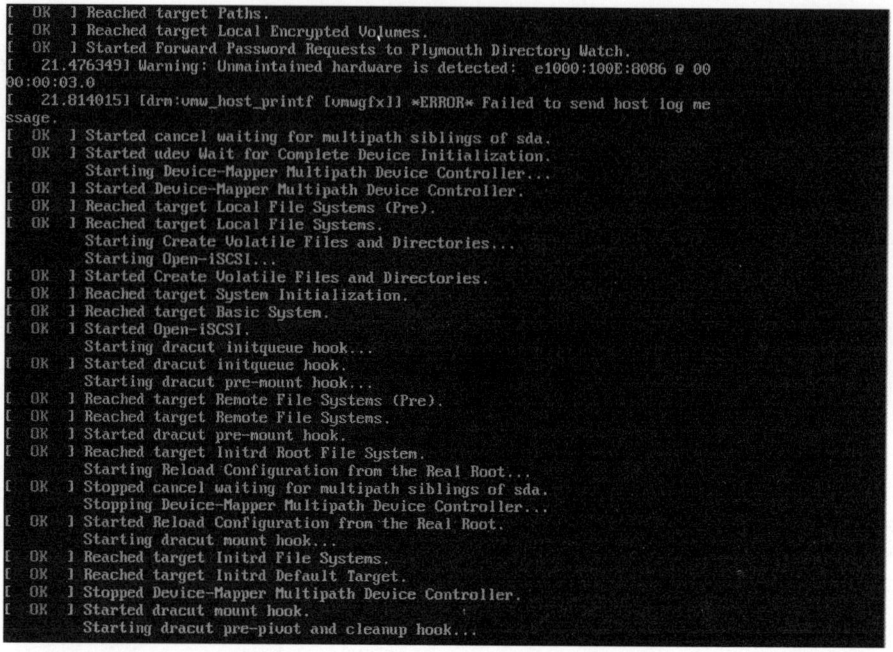

图 2.10　Rocky Linux 系统安装引导信息

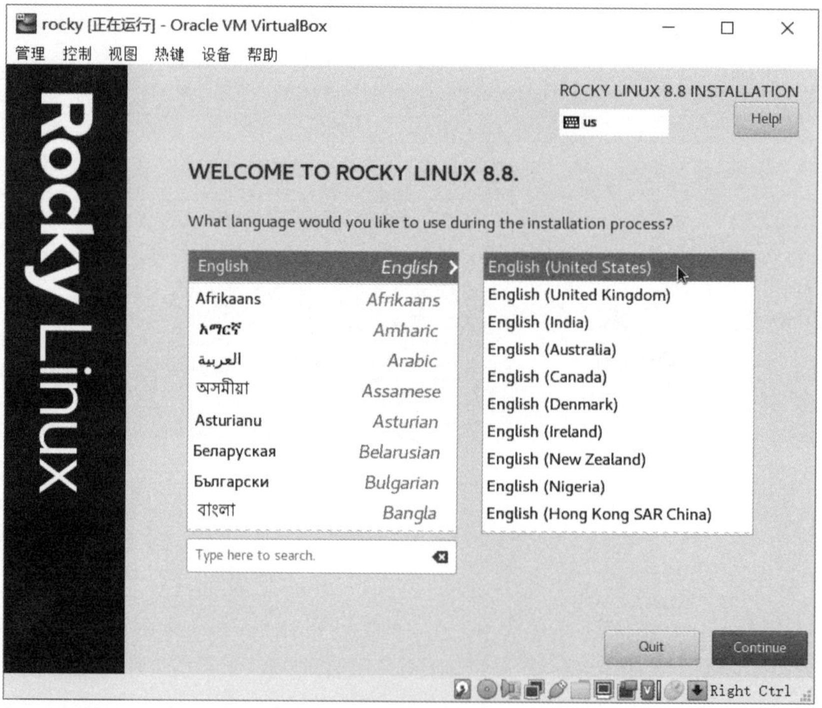

图 2.11　Rocky Linux 欢迎界面

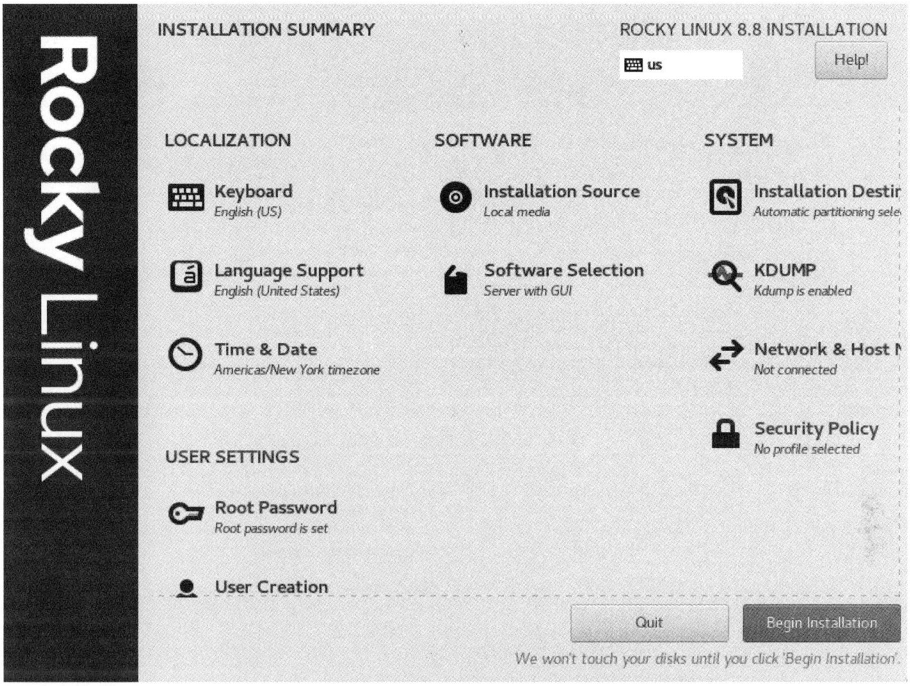

图 2.12　Rocky Linux 安装摘要

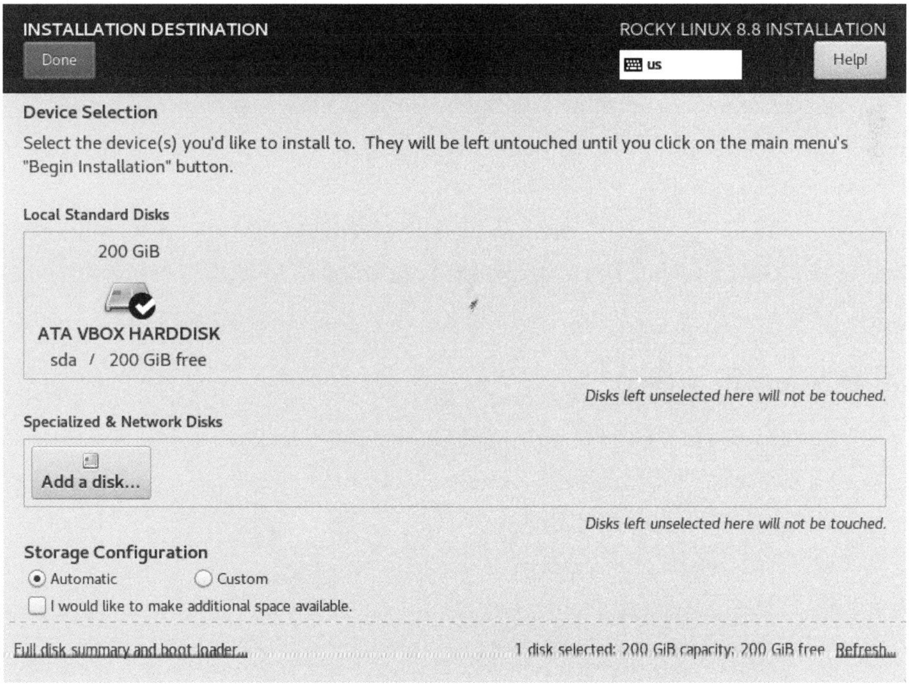

图 2.13　Rocky Linux 系统安装分区

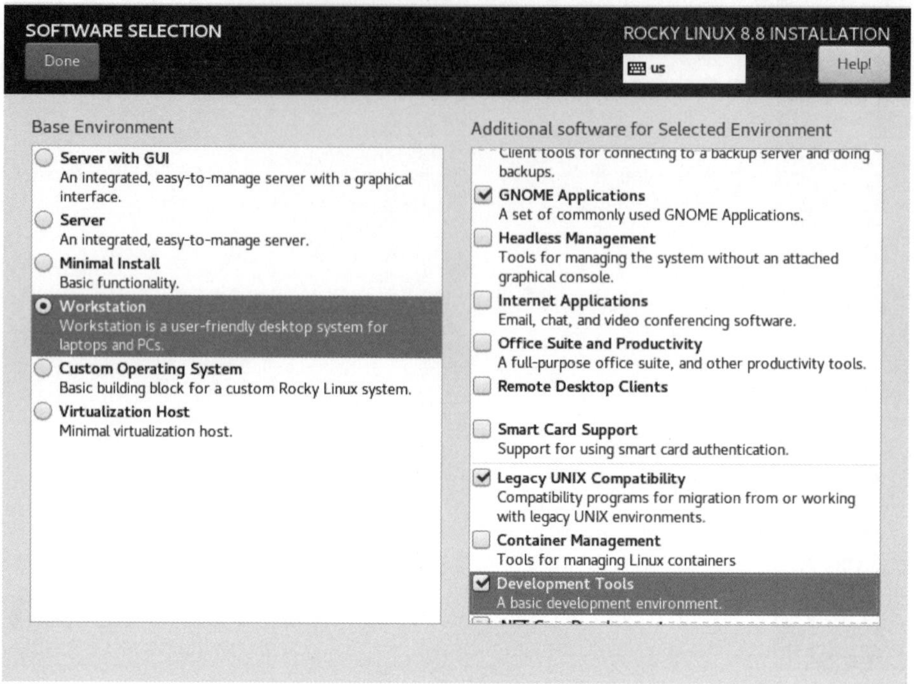

图 2.14　Rocky Linux 系统软件选择

“Language Support”部分(图 2.15)，选择“简体中文(中国)”，以便提供中文语言环境、中文字体和中文输入法支持。

“Time & Date”部分(图 2.16)，可以通过在地图上选择“Shanghai”，或在“Region”等列表里面选择“Asia”和“Shanghai”。然后单击“完成”。

“Root Password”部分，指定根用户密码并创建普通登录用户名和密码(图 2.17、图 2.18)。以上选项设置完以后，系统开始安装、安装结束、重启后确认许可证和第一次登录界面(图 2.19)。

2.2.5　系统安装后的工作

(1)与宿主系统共享粘贴板，与宿主系统共享文件夹(图 2.20)。

(2)安装虚拟系统的扩展包管理器(Extension Pack Manager)，以支持显示分辨率、远程桌面和 USB3.0 设备等高级功能的使用。

(3)更新系统，输入“sudo yum update”。

(4)为系统提供第三方软件源(epel)支持，输入以下命令：

```
sudo yum config-manager --set-enabled powertools
sudo yum install epel-release
```

图 2.15　Rocky Linux 系统中文语言和字体支持

图 2.16　Rocky Linux 系统时区选择

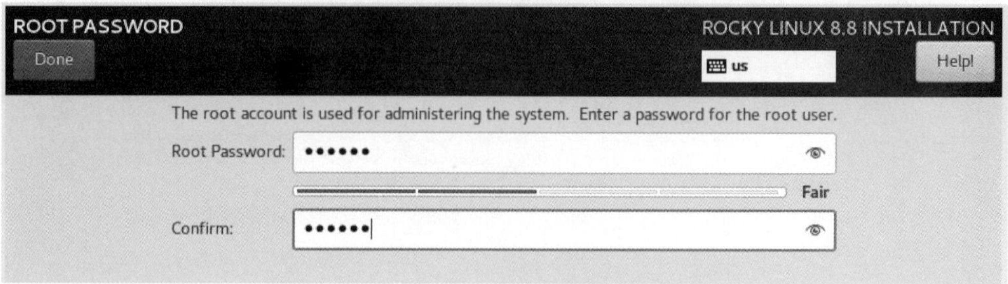

图 2.17　Rocky Linux 系统根用户密码设置

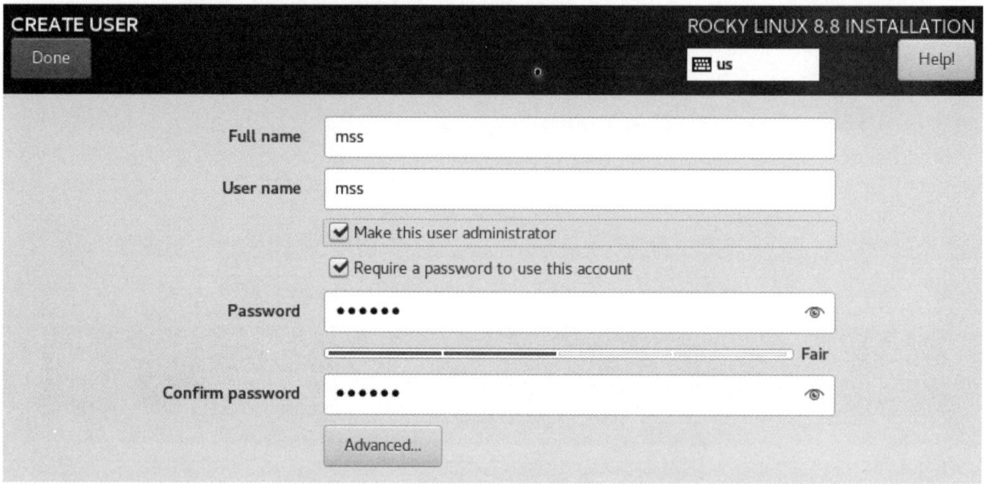

图 2.18　Rocky Linux 系统创建普通用户

(5)让 Linux 系统识别 NTFS 文件系统格式，输入以下命令：

yum install ntfs-3g

(6)启用 USB：在 VirtualBox 官网找到 VirtualBox 7.0.10 Oracle VM VirtualBox Extension Pack，选择 All supported platforms，下载扩展包管理器。

(7)因 WRF 模式及其相关应用脚本（或处理程序）需要用到 csh，所以输入命令“yum install csh”进行安装。

具体操作详见官方用户手册 http://download.virtualbox.org/virtualbox/UserManual.pdf。

(a)

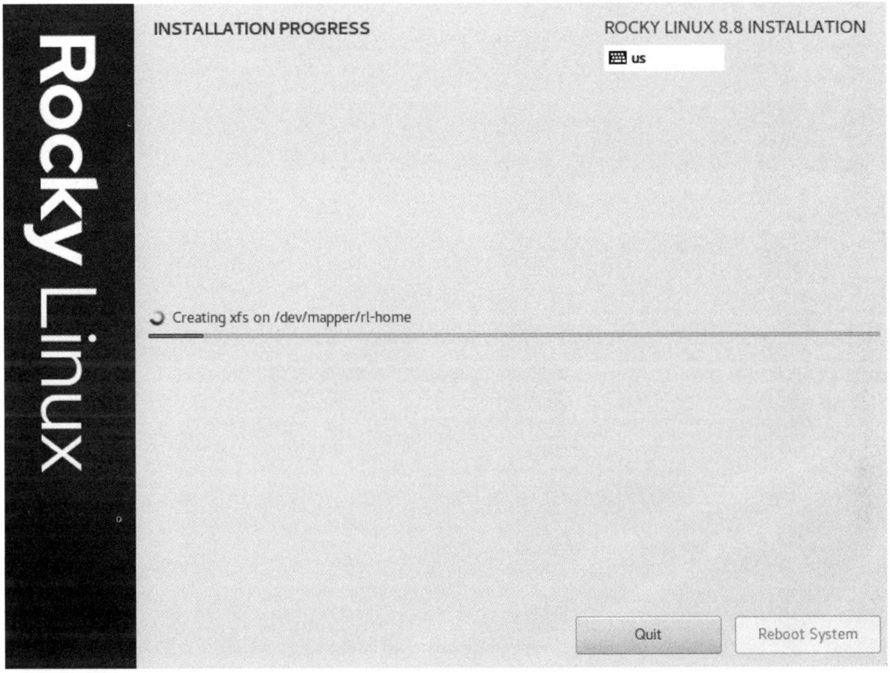
Rocky Linux
INSTALLATION PROGRESS
ROCKY LINUX 8.8 INSTALLATION
us
Creating xfs on /dev/mapper/rl-home
Quit
Reboot System

(b)

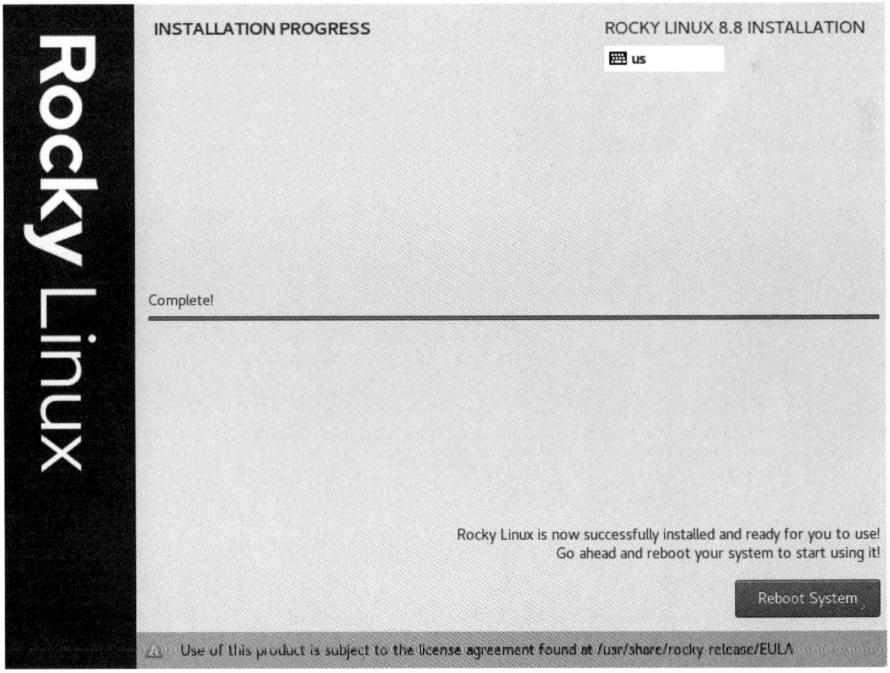
Rocky Linux
INSTALLATION PROGRESS
ROCKY LINUX 8.8 INSTALLATION
us
Complete!
Rocky Linux is now successfully installed and ready for you to use!
Go ahead and reboot your system to start using it!
Reboot System
Use of this product is subject to the license agreement found at /usr/share/rocky-release/EULA

(c)

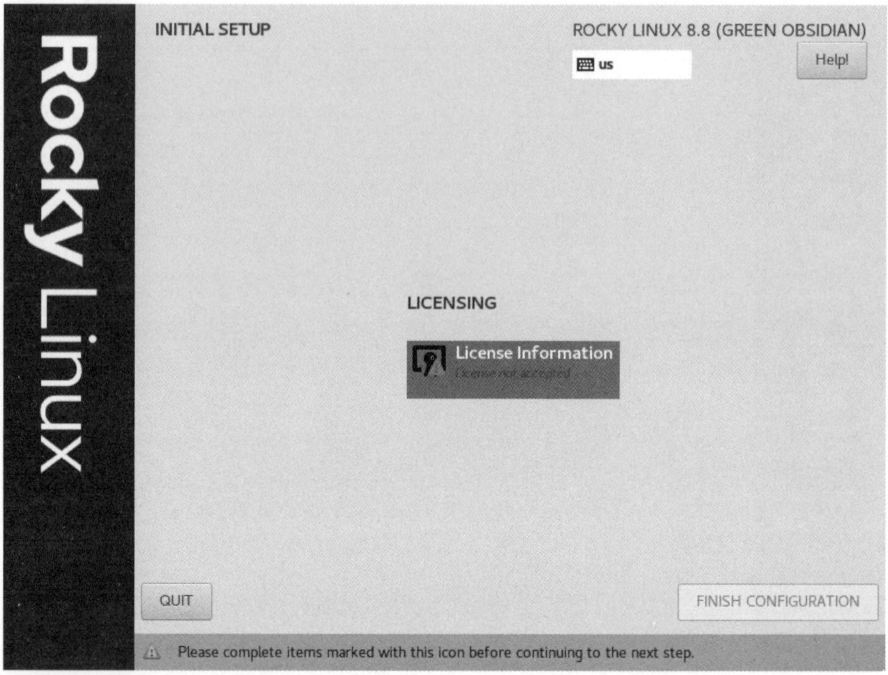

(d)

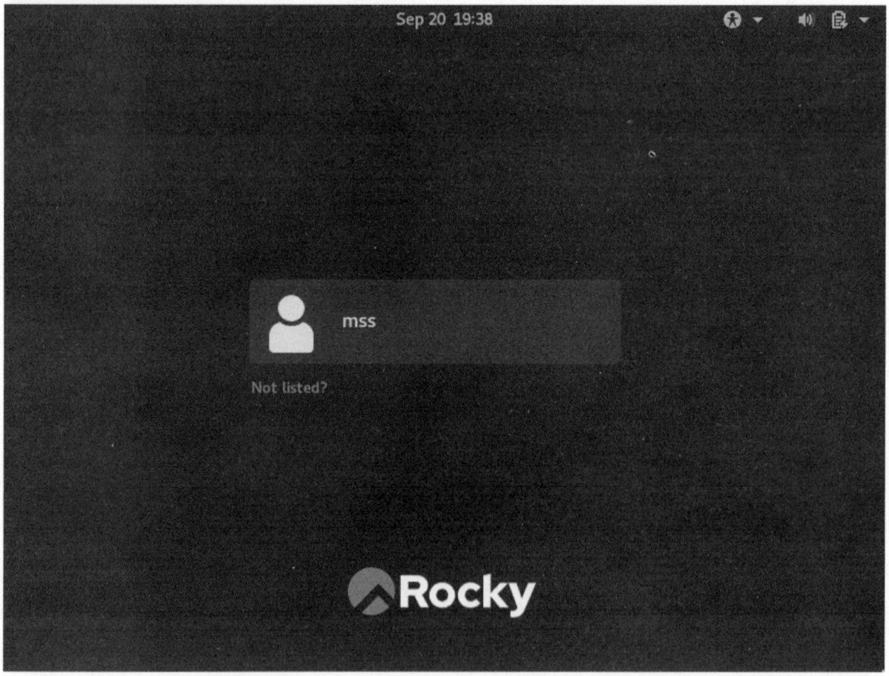

图 2.19　Rocky Linux 系统安装开始(a)、安装结束(b)、重启后确认许可证(c)和第一次登录(d)界面

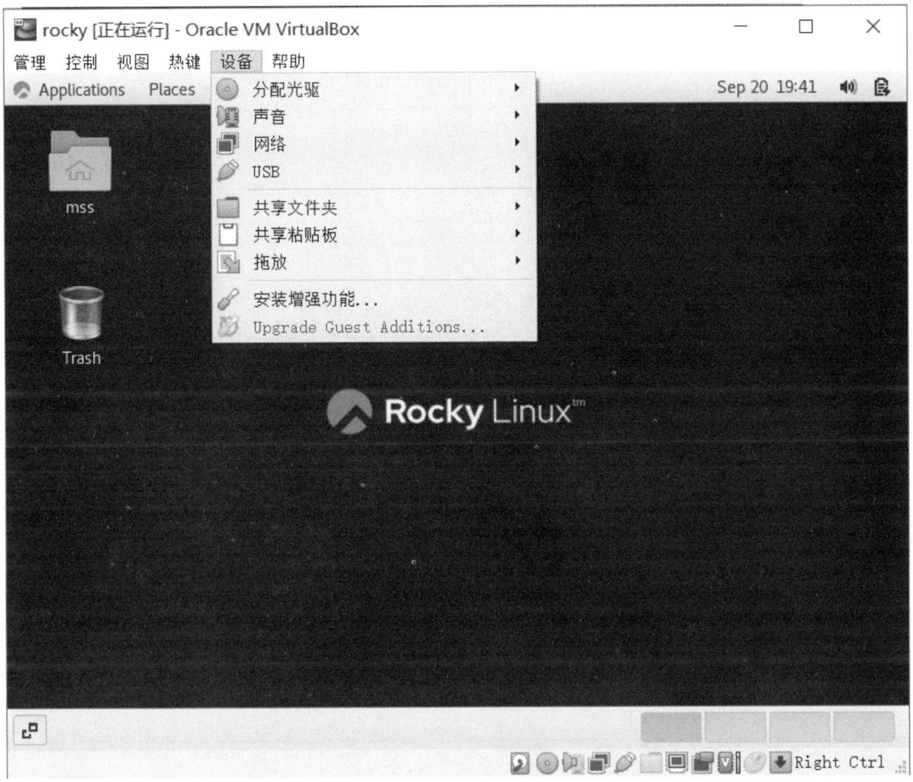

图 2.20　Rocky Linux 系统虚拟机扩展功能

2.3　Linux 系统常用命令

本节主要介绍用于模式运行的一些基础命令，若想要系统学习 Linux shell 命令及其编程基础，请参考 https://www.linuxcool.com/，或 Linux 相关书籍。

2.3.1　浏览目录命令

用户使用命令行所做的大部分工作是用来定位、列出、创建以及删除文件和目录，下面列举最为常用的这类命令及其解释。

(1) ls [options] [directory] 列出文件，常用的命令参数选项有 -l、-a、-t 等(表 2.1)。ls 代表 list。

表 2.1　ls 命令及常用选项

命令示例	命令解释
ls -la	给出当前目录下所有文件的一个长列表，包括以句点开头的隐藏文件
ls -l *.doc	列出当前目录下以字母“.doc”结尾的所有文件
ls -a	显示当前目录所有文件及目录
ls -d	将目录像文件一样显示，而不显示该目录下的文件
ls -R	列出所有子目录下的文件
ls -t	将文件依建立时间之先后次序列出
ls -ltr x*	列出当前目录下任何名称是“x”开头的文件，越新的文件排序越是靠后

(2)cd [directory] 切换目录，cd 代表 change directory，使用方法见表 2.2。

表 2.2　cd 命令及常用选项

命令示例	命令解释
cd ~	切换到用户主目录，例如用户 mss 的主目录为 /home/mss
cd /tmp	切换到目录 /tmp
cd ..	切换到上一层目录
cd /	切换到系统根目录
cd /usr/bin	切换到 /usr/bin 目录

2.3.2　浏览文件命令

(1)cat [textfile] 显示文本文件内容，cat 代表 catenate，使用方法见表 2.3。

表 2.3　cat 命令及常用选项

命令示例	命令解释
cat /etc/passwd	显示文本文件 passwd 中的内容
cat test.txt | more	逐页显示 test.txt 文件中的内容，其中“ | ”为管道符号
cat test.txt >>test1.txt	将 test.txt 的内容附加到 test1.txt 文件之后
cat a.txt b.txt >readme.txt	将文件 a.txt 和 b.txt 合并成 readme.txt 文件

(2)more [textfile] 和 less [textfile] 逐屏显示文本文件内容，使用方法见表 2.4。

若当前屏幕长度无法显示全部的文本内容，则使用“more”和“less”命令进行翻页查看。“more”命令让屏幕在显示满一页时暂停，此时可按空格键继续显示下一个画面；而“less”命令除了可以按空格键向下显示文件外，还可以利用上下键来滚动文件。两者都可以使用快捷键“q”退出。

表 2.4　more 和 less 命令及常用选项

命令示例	命令解释
more /etc/passwd	显示 etc 目录下文本文件 passwd 中的内容
ls -al ∣ more	以长格形式显示当前目录下的所有内容，显示满一个屏幕便暂停，按空格键继续显示下一屏，按“q”退出
less /etc/named. conf	显示 etc 目录下文本文件 named. conf 中的内容
ls -al ∣ less	以长格形式显示当前目录下的所有内容，可按上下键浏览，按“q”退出

(3)head [files] 和 tail [files] 查看从文件头或文件尾开始指定数量的行的内容，使用方法见表 2.5。

表 2.5　head 和 tail 命令及常用选项

命令示例	命令解释
head -10 /etc/passwd	显示/etc/passwd 文件前 10 行的内容
tail -10 /etc/passwd	显示/etc/passwd 文件倒数 10 行的内容
tail +10 /etc/passwd	显示/etc/passwd 文件从第 10 行开始到末尾的内容
head -20 file ∣ tail -10 /etc/passwd	结合 head 与 tail 命令，显示/etc/passwd 文件第 11 行到第 20 行的内容
tail -f /usr/tmp/logs/daemon_log. txt	使用参数“-f” 时，tail 不会回传结束信号，除非人为中断它；相反地，它会一直不停地继续显示，直到发现文件自它最后一次被读取后，又被加入新的内容。一般用于监视日志文件的动态更新，有实时监视的效果。本例用于显示/usr/tmp/logs/daemon_log. txt 文件的动态更新

2.3.3　目录操作命令

(1)pwd (print working directory)显示用户目前所在的工作目录的绝对路径名称。

(2)mkdir [-p] [directory] 创建目录，mkdir 代表 make directory，用法见表 2.6。

表 2.6　mkdir 命令及常用选项

命令示例	命令解释
mkdir mydir	在当前目录下建立 mydir 目录
mkdir -p one/two/three	在当前目录下建立指定的嵌套子目录

(3)rmdir [-p] [directory] 删除目录，删除“空”的子目录，rmdir 代表 remove directory，用法见表 2.7。

注意：选项“-p”表示可以递归删除多层子目录，但删除的目录须为空目录，且须具有对该目录的写入权限。

表 2.7　**rmdir 命令及常用选项**

命令示例	命令解释
rmdir mydir	删除“空”的子目录 mydir
rmdir -p one/two/three	删除“空”的嵌套子目录 one/two/three

2.3.4　文件操作命令

(1)cp [source] [target] 复制文件，将文件或目录复制到另一个地方，cp 代表 copy，用法见表 2.8。

注意：cp 命令默认将覆盖已存在的文件，若加参数“-i”，则表示覆盖前将与用户交互。

表 2.8　**cp 命令及常用选项**

命令示例	命令解释
cp file1 file2	将文件 file 复制成新文件 file2
cp file1 /home/mss/	将文件 file1 从当前目录复制到/home/mss/目录中
cp -r dir1 dir2	复制目录 dir1 为目录 dir2，参数-r 表示遍历目录下所有文件

(2)mv [source] [target] 移动文件、文件改名，将文件或目录移到另一目录下，或更改文件及目录的名称，mv 代表 move，用法见表 2.9。

表 2.9　**mv 命令及常用选项**

命令示例	命令解释
mv fileold filenew	将文件 fileold 改名成新文件 filenew
mv xfile /tmp	将文件 xfile 从当前目录移动到 /tmp 目录下
mv xfile ../	将文件 xfile 移动到上层目录
mv xdir ../	将目录 xdir 移动到上层目录

(3)rm [files] 删除文件或目录，删除目录需要加“-r”选项，强制删除用“-f”，rm 代表 remove，用法见表 2.10。

表 2.10　**rm 命令及常用选项**

命令示例	命令解释
rm myfile	删除 myfile 文件
rm *	删除当前目录下的所有未隐藏文件
rm -f *.txt	强制删除所有后缀名为“txt”的文件
rm -rf mydir	删除目录 mydir 以及其下的所有内容
rm -ia *	删除当前目录下所有以字母“a”开头的文件，“-i”选项表示将与用户交互

(4)ln [-s] [source] [target] 建立链接，在文件和目录之间建立链接，参数"-s"为建立软链接(符号链接)，ln 代表 link。其用法见表 2.11。

表 2.11　ln 命令及常用选项

命令示例	命令解释
ln -s /usr/share/doc doc	创建链接文件 doc，并指向目录/usr/share/doc
ln -s xfile linkxfile	为文件 xfile 创建名为 linkxfile 的软链接
ln xfile yfile	为文件 xfile 创建名为 yfile 的硬链接

(5)touch [options] [filename] 新建一个文本文件或修改文件的存取/修改的时间记录值，参数选项见表 2.12。

表 2.12　touch 命令及常用选项

命令示例	命令解释
touch *	将当前目录下的文件时间修改为系统的当前时间
touch -d 20230101 test	将 test 文件的日期改为 2023 年 1 月 1 日
touch xfile	若 xfile 文件存在，则修改为系统当前时间；若不存在，则生成一个(创建时间)为系统当前时间的空文件

2.3.5　查找类命令

(1)grep 'string' [file] 在文件中搜索匹配的字符串位置(所在行)并输出到屏幕，grep 代表 global regular expression print(全局正则表达式打印)，用法见表 2.13。

表 2.13　grep 命令及常用选项

命令示例	命令解释
grep export ~/. bashrc	查找文件"~/. bashrc"中包含字符串"export"的所有行
tail -10 ~/. bashrc | grep PATH	在". bashrc"后 10 行中查找包含字符串"PATH"的行
rpm -qa | grep gcc	搜索已安装的 rpm 包中含有"gcc"字符串的文件名

(2)find name [filename]和 locate [file]用于查找文件或目录。find 命令根据指定的条件来搜索和定位与参数匹配的文件和目录列表。locate 命令是 Linux 系统中用于快速定位文件和目录的工具，它通过搜索系统中预先创建的数据库来查找文件，相比于使用 find 命令，locate 命令的速度更快。用法见表 2.14。

表 2.14　find 和 locate 命令及常用选项

命令示例	命令解释
find /tmp -name gfortran	搜索/etc 目录下名为"gfortran"的文件并显示结果
find ./ | grep namelist	当前目录及其子目录中查找文件名包含字符串"namelist"的文件
locate gfortran	在系统任何地方查找文件名包含字符串"gfortran"的文件

2.3.6　帮助命令

（1）man [command] 查看 command 命令的说明文档，它是 Linux 下最核心的命令之一，全称为 manual（手册），当遇到忘记的指令，可以直接通过 man 指令来获得提示。为了快速检索到想要的关键字信息，可以输入/gfortran，从而快速地匹配到 gfortran，获得对应信息。

（2）info [command] 查看 command 命令的说明文档，info 代表 information

（3）whatis [command] 在 whatis 资料库（手册）中搜寻指定命令的简短描述。

2.3.7　打包、解包，压缩、解压缩命令

（1）tar [options] [filename] 打包命令，表示 tape archive，参数选项和用法实例见表 2.15 和表 2.16。

能够将用户所指定的文件或目录打包成一个文件，但不做压缩。一般 Linux/Unix 上常将打包命令 tar 与压缩 gzip 联合使用。tar 不仅可以打包文件，也可以将硬盘数据备份。

表 2.15　tar 命令及常用选项

选项	解释
-c	创建一个新 tar 文件
-v	显示运行过程的信息
-f	指定文件名
-z	调用 gzip 压缩命令进行压缩或解压
-j	调用 bzip2 压缩命令进行压缩或解压
-t	查看压缩文件的内容
-x	解开 tar 文件

表 2.16　tar 命令操作示例

命令示例	命令解释
tar -cvf test. tar *	将所有文件打包成 test. tar，扩展名 . tar 需自行加上
tar -zcvf test. tar. gz *	将所有文件打包并调用 gzip 命令压缩成为 test. tar. gz
tar -tf test. tar	查看 test. tar 文件中包括了哪些文件
tar -xvf test. tar	将 test. tar 文件解压缩到当前目录
tar -jxvf test. tar. bz2	
tar -cvf pub. tar Public	将整个 Public 目录下的文件全部打包成为 pub. tar
tar -zcvf pub. tar Public	将 Public 目录打包并调用 gzip 命令压缩成 pub. tar. gz

（2）gzip [options] [filename] 压缩和解压缩命令，用法和参数选项见表 2.17。

gzip 和 gunzip 是在 Linux 系统中经常使用的一个对文件进行压缩和解压缩的命令。

表 2.17　gzip 命令及常用选项

命令示例	命令解释
gzip pub. tar	压缩一个文件 pub. tar，此时压缩文件的扩展名为“. tar. gz”
gzip -v test. f90	压缩文件 test. f90，此时压缩文件的扩展名为“. gz”
gunzip -d test. f90. gz	解压缩 test. f90. gz

2.3.8　时间相关命令

(1)date 显示/修改当前的系统时间。

(2)cal 显示日历。

(3)hwclock 显示当前的硬件时钟。

(4)ntpdate 同步网络时钟。

2.3.9　系统信息类命令

(1)dmesg 显示系统开机信息命令，表示 diagnostic message，显示系统诊断信息、操作系统版本号、物理内存的大小以及其他信息。

(2)df 用于查看文件系统各个分区的占用情况，全称“disk free”。

(3)fdisk 磁盘分区工具。

(4)du [options] [directory or filename…]显示目录或文件所占磁盘空间，全称“disk usage”。

(5)free 查看系统内存、虚拟内存(交换空间)的大小占用情况。

(6)who 或 w 查看当前系统中有哪些用户登录。

2.3.10　软件包管理命令

(1)RPM 包管理，全称为 Red Hat Package Manager。利用 RPM 命令，可以安装、删除、升级管理软件，支持在线安装和升级软件。通过 RPM 包管理可以知道软件包包含哪些文件，也可以查询系统中的某个文件属于哪个软件包，可以查询系统中的软件包是否安装及安装的版本。

得到一个新软件，在安装之前，一般都要先查看这个软件包是做什么的，可以用以下这条命令查看，以 ncview 软件为例：

rpm -qpi ncview-2. 1. 8-8. el8. x86_64. rpm

系统将会列出这个软件包的详细资料。还可以用下面这条命令查看软件包将会在系统里安装哪些文件：

rpm -qpl ncview-2. 1. 8-8. el8. x86_64. rpm

通过下面这条命令安装该软件包：

rpm -ivh ncview-2. 1. 8-8. el8. x86_64. rpm

如果系统已经安装该软件包的低版本，可以用下面的命令进行升级安装：

rpm -Uvh ncview-2.1.8-8.el8.x86_64.rpm

安装某个软件时，RPM 会自动处理包的依赖关系，如果不想进行依赖检查，可以给 rpm 加上--nodeps 参数，想要强制安装可以加上 --force 参数。

卸载某个安装过的软件，只需执行 rpm-e <文件名> 命令即可，如

rpm -e ncview

如果不小心误删了某些包的系统文件，可以用以下命令来查看有哪些文件损坏了，以便进行修复安装：

rpm -Va

下面这条命令行可以快速判定某个文件是属于哪个软件包：

rpm -qf <software name>

如果想查看当前系统已经安装了哪些 rpm 包，可以执行如下命令：

rpm -qa

也可以与 grep 联用，进行查找操作：

rpm -qa | grep ncview

(2)yum 软件包管理工具，用于在 Red Hat 系列操作系统中安装、更新和删除软件包，是 Rocky Linux 的默认软件包管理器。

yum(Yellow dog Updater，Modified)是一个在 Red Hat 和 SUSE 等 Linux 发行版中的 Shell 前端软件包管理器。基于 RPM 包管理，能够从指定的服务器自动下载 RPM 包并且安装，可以自动处理依赖性关系，并且一次安装所有依赖的软件包，无须烦琐地一次次下载、安装。yum 提供了查找、安装、删除某一个、一组甚至全部软件包的命令，而且命令简洁好记。

yum 命令语法：yum [选项] [要进行的操作] [软件包名称……](表 2.18)。

命令选项：-h(帮助)，-y(根据安装提示选择“yes”选项)，-q(不显示安装信息)。

表 2.18 yum 命令及常用选项

命令示例	命令解释
yum check-update	列出所有可更新的软件清单
yum update	更新所有软件，改变软件设置和系统设置，系统版本和内核都升级
yum upgrade	升级所有包，不改变软件设置和系统设置，系统版本升级，内核不改变
yum install [package]	仅安装指定的软件
yum update [package]	仅更新指定的软件
yum list	列出所有可安装的软件清单
yum remove [package]	删除软件包
yum search [package]	查找软件包
yum clean packages	清除缓存目录下的软件包及旧的软件列表(headers)

2.3.11　输入/输出重定向与管道命令

[command]<inputfile 输入重定向，指把命令（或可执行程序）的标准输入重新定向到指定文件中。即输入可以不来自键盘，而来自一个指定的文件。所以，输入重定向主要用于改变一个命令的输入源，特别是改变那些需要大量输入的输入源。

[command]>outputfile 输出重定向，指把命令（或可执行程序）的标准输出重新定向到指定文件中。这样，该命令的输出就不显示在屏幕上，而是写入指定文件中。

ls -lR >dirtree. list 创建一个包含目录树列表的文件。

[command] >>outputfile 输出追加重定向，为避免输出重定向中指定文件只能存放当前命令的输出重定向的内容，shell 提供了输出重定向的一种追加手段。输出追加重定向与输出重定向的功能非常相似，区别仅在于输出追加重定向的功能是把命令（或可执行程序）的输出结果追加到指定文件的最后，而该文件原有内容不被破坏。如果文件不存在，那么就创建新文件，如果存在，那么就追加到文件之后。

[command1] | [command2] 把 command1 执行的结果作为输入送到 command2 中执行。

2.3.12　权限命令

sudo，全称为 super user do，其功能就是提升一个命令的执行权限。

在 Linux 和其他类 Unix 操作系统中，只有 root 用户可以运行所有命令并在系统上执行某些关键操作，如安装和更新、删除包、创建用户和组、修改重要的系统配置文件等。

承担 root 用户角色的系统管理员可以允许其他普通用户在 sudo 命令和几个配置文件的帮助下运行某些命令以及执行一些重要系统操作。sudo 命令与安全策略配合使用，默认安全策略是 sudoers，可以通过文件 /etc/sudoers 来配置。例如，更新系统或查看系统消息，则需要使用 sudo 执行根用户（root）权限来完成操作，可以使用以下命令：

```
sudo dnf update
sudo vi /var/log/message
```

2.3.13　make 工具简介

在软件开发过程中，一个项目通常由许多源代码文件和头文件组成。这些文件可能依赖于其他文件，并且在编译和构建过程中需要执行一系列命令和步骤。手动管理这些文件和命令是非常困难的，尤其是当项目越来越复杂时。为了自动化构建、编译和部署过程，可以使用构建工具。其中 make 工具是最流行的构建工具之一。make 工具提供了一个 Makefile 文件格式，以定义相互依赖的文件和规则，并自动执行构建过程。

Makefile 是一种自动化构建工具，用于管理和编译源代码。它能够自动搜索文件依赖关系，并根据需要重新编译程序。

(1)./configure 配置命令

主要用于检测用户系统和编译器特征，比如它会检测系统是否安装 GCC 或其他编译器。configure 是一个 shell 脚本，负责在系统上准备好软件所需的编译环境，确保接下来的编译和安装过程中具备安装软件所需的编译器和全部依赖库，并合理配置编译器和依赖库的参数选项。

这一步一般用来生成 Makefile，为下一步的编译做准备，用户可以通过在 configure 后加上参数来对安装进行控制(表 2.19)，比如代码 ./configure --prefix=/usr，意思是将该软件安装在 /usr 下面，执行文件就会安装在 /usr/bin (而不是默认的 /usr/local/bin)下，资源文件就会安装在 /usr/share(而不是默认的/usr/local/share)下。另外，还可以通过指定系统参数和编译参数进行定制，例如加上 --with、--enable、--without、--disable 等参数对编译加以控制。用户可通过执行 ./configure --help 查看详细的参数选项。

表 2.19 configure 命令及常用选项

参数选项	命令解释
--prefix	安装到用户指定目录
--enable-static	生成静态链接库
--enable-shared	生成动态链接库
--with	启用或禁用特定功能或模块，例如 --with-zlib，表示启用 zlib 支持
--enable	常用于启用编译选项，例如 --enable-netcdf4
--disable	与--enable 选项相反，用于禁用特定功能或模块

(2)make 编译命令

make 工具，它是一个自动化编译工具，可以使用一条命令实现完全编译。但是需要编写一个规则文件，make 依据它来批处理编译，这个文件就是 Makefile。

该命令会从 Makefile 中读取指令并编译。下载的源码包通常没有自带的 Makefile 文件，因此需要 configure 命令根据系统参数生成一个适配本系统的 Makefile 文件，这个过程会执行在 Makefile 文件中定义的一系列任务，将软件源代码编译成可执行文件。

大多数的源码包都经过这一步进行编译(当然，有些 perl 或 python 编写的软件需要调用 perl 或 python 来进行编译)。如果在 make 过程中出现 error，需要记下错误代码(注意不仅仅是最后一行)，然后向开发者提交 bugreport(一般在 INSTALL 里有提交地址)，若系统少了一些依赖库等，这时需要自己仔细研究错误代码。

可能遇到的错误：①make *** 没有指明目标并且找不到 Makefile；②没有 Makefile，先执行 ./configure 再执行 make；③make uninstall 是卸载，不加参数就是默认进行源代码编译。

(3)make install 安装软件包

该命令从 Makefile 中读取指令，并将可执行文件、第三方依赖包和文档安装(或复制)到正确的路径。注意，安装时要根据目标安装路径取得相应的用户权限。

(4)编译过程详细示例

这里以 package.tar.gz 源码包为例,详细介绍如何使用 configure 和 make 进行源代码编译。使用如下命令:

tar zxvf package.tar.gz

解压缩后,会得到一个目录,进入该目录即可进行后续的操作。可以使用以下命令进入目录:

cd dir (dir 为解压后得到的目录名)

在进行编译之前,需要先进行一些配置工作,例如指定安装目录、配置编译选项等。可以使用以下命令来进行配置:

./configure --prefix=/home/mss/workspace/test

--prefix 选项用于指定安装目录,/home/mss/workspace/test 为安装目录的路径,可以根据实际情况进行修改。

配置完成后,可以使用 make 命令进行编译和安装:

make

编译完成后,进行安装:

make install

安装完成后,若有可执行文件(例如 ncdump),则可使用以下命令进行验证:

ncdump --version

ncdump 为安装的软件名称,--version 选项用于显示软件的版本信息。

2.4 命令行文本编辑器基础

2.4.1 文本编辑器 Vim 简介和使用

vi 是一种计算机文本编辑器,由美国计算机科学家比尔·乔伊(Bill Joy)完成编写,并于1976年以 BSD 协议授权发布。Vim 是从 vi 发展出来的一个文本编辑器。其代码补完、编译及错误跳转等方便编程的功能特别丰富,在程序员中被广泛使用,和 Emacs 并列成为类 Unix 系统用户最喜欢的编辑器。Vim 的第一个版本由布莱姆·米勒(Bram Moolenaar)在1991年发布,最初的简称是 Vi IMitation,随着功能的不断增加,正式名称改成了 Vi IMproved,现在是在开放源代码方式下发行的自由软件。目前,Vim 是按照 Vim 许可证发布的开源软件,这个协议兼容 GPL。

对于大多数用户来说,Vim 有着一个比较陡峭的学习曲线。这意味着开始学习的时候可能会进展缓慢,但是一旦掌握一些基本操作之后,能大幅度提高编辑效率。为了帮助学习,Vim 为初学者准备了 Vim 教学。通常可以在 Unix 系统命令行下输入"vimtutor"或者点击 Windows 系统桌面上的 Vim 教学图标进入。在 Vim 用户手册中更加详细地描述了 Vim 的基础和进阶功能,可以在 Vim 中输入":help user-manual"进入用户手册。用户手册除了原始的英文版本之外，也被志愿者翻译成了各国文字，其中包括中文。新用户也应该学习 Vim 的帮助系统，可以在 Vim 中输入不带参数的“help”来阅读主帮助文件。

从 vi 衍生出来的 Vim 具有多种模式，这种独特的设计容易使初学者产生混淆。几乎所有的编辑器都会有插入和执行命令两种模式，并且大多数的编辑器使用了与 Vim 截然不同的方式：命令目录（鼠标或者键盘驱动）、组合键（通常通过 control 键（CTRL）和 alt 键（ALT）组成）或者鼠标输入。Vim 和 vi 一样，仅仅通过键盘在这些模式之中切换。这就使得 Vim 可以不用进行菜单或者鼠标操作，并且最小化组合键的操作，可以大大增强文字录入员或者程序员速度和效率。

2.4.2 Vim 的编辑模式

这里介绍 Vim 常用的 4 种模式：正常模式（Normal-mode）、插入模式（Insert-mode）、命令模式（Command-mode）和可视模式（Visual-mode）。

（1）正常模式（Normal-mode）

正常模式一般用于浏览文件，也包括复制、粘贴、删除等操作。在此模式下，键盘输入代表的是 Vim 的功能键，而不会在文本中键入对应的字符，可以通过键盘在文本中快速移动光标，光标范围从小到大是字符、单词、行、句子、段落和屏幕。启动 Vim 后默认位于正常模式。不论是什么模式，按一下 <Esc> 键（有时可能需要按两下，插入模式按一下 <Esc> 键，就会切换到正常模式，命令模式或者可视模式下执行完操作以后，就会自动进入正常模式，如果进入命令模式或者可视模式没有执行任何操作，按两下 <Esc> 键即可）就会进入正常模式。不同模式都是通过键盘上相应的键位去触发的。

（2）插入模式（Insert-mode）

在正常模式下按“i”键会进入插入模式。该模式启动以后，就会进入编辑状态，通过键盘输入内容。

（3）命令模式（Command-mode）

在正常模式下按“：”（冒号）键或者“/”（斜杠）键，会进入命令模式。在命令模式中可以执行一些输入并执行一些 Vim 或插件提供的指令，就像在 shell 里一样。这些指令包括设置环境、文件操作、调用某个功能等。

（4）可视模式（Visual-mode）

在正常模式下按 v、V、<Ctrl>+v，都可以进入可视模式。可视模式中的操作有点类似用鼠标进行操作，选择文本的时候有一种鼠标选择的即视感，有时候会很方便。

以上是关于 Vim 常用 4 种模式的解读，在使用 Vim 操作文本的时候，编辑区底部一般都会显示当前处于什么模式下（插入模式会有 INSERT 提示，可视模式会有 VISUAL 或者 VISUAL LINE 的提示）。

当对 Vim 有了一定了解和练习后，大家会发现平时常用的只有两个模式：操作模式和编辑模式。

2.4.3 打开文件和退出

打开文件。现在假如有一个文件 file，只需要在文件前面加上 Vim 关键字，即

Vim file

执行上面这个命令将会打开 file 文件，file 是指当前具体操作的文件名。

退出文件。Vim 的最终操作就是 Vim 的退出，详细操作命令见表 2.20。

表 2.20　Vim 退出命令示例

命令示例	命令解释
:w	保存当前对文件的修改，但是不退出文件
:w!	强制保存但是不退出文件
:w file	保存当前的文件修改到 file 文件当中
:q!	退出文件，对文件的修改不做保存
:qa!	退出所有的文件，对所有的文件修改都不做保存
:wq	退出文件并保存对文件的修改
:e file	打开另一个文件
:e!	放弃对文件的所有修改，恢复文件到上次保存的位置
:saveas file	另存为 file

表 2.20 中的命令都是在命令行模式下的操作，也就是输入冒号“:”，紧接着输入相应的字符命令，如“q!”，就会执行强制退出操作。

2.4.4 Vim 使用

正常模式下，主要进行的操作有光标移动、复制文本、删除文本、粘贴文本等。

(1)快速移动光标

移动光标命令包括按照方向移动光标快捷键(表 2.21)、在当前行移动光标快捷键(表 2.22)和跨行移动光标快捷键(表 2.23)。注意，h、j、k、l 在主键盘区完全可以取代键盘上的左(←)、下(↓)、上(↑)、右(→)的功能。

表 2.21　按照方向移动光标快捷键

方向键	解释
h	向左移动光标
j	向下移动光标
k	向上移动光标
l	向右移动光标

表 2.22　在当前行移动光标快捷键

快捷键	解释
0	光标移动到行头
$	光标移动到行尾
^	光标移动到本行的第一个不是 blank 字符的位置
g_	光标移动到本行最后一个不是 blank 字符的位置
w	光标光标移动到下一个单词的开头
e	光标光标移动到下一个单词的结尾
fa	光标移动到本行下一个为 a 的字符处(fa 表示 find a,a 也可以是其他字母)
nfa	光标移动到本行光标处开始的第 n 个字符为 a 的地方(n = 1，2，3，…)
Fa	同 fa 类似,光标移动方向同 fa 相反
nFa	同 nfa 类似,光标移动方向同 nfa 相反
ta	移动光标至 a 字符的前一个字符
nta	移动光标至第二个 a 字符的前一个字符
Ta	同 ta 移动光标方向相反
nTa	同 nta 移动光标方向相反
；和 ，	当使用 f、F、t、T 关键字指定字符跳转的时候,使用“；”可以快速跳转到下一个指定的字符,使用“，”跳到前一个指定的字符

表 2.23　跨行移动光标快捷键

快捷键	解释
gg	光标定位到第一行的行首
G	光标定位到最后一行的行首
nG	光标定位到第 n 行的行首
H	光标定位到当前屏幕的第一行行首
M	光标移动到当前屏幕的中间
L	光标移动到当前屏幕的尾部
zt	把当前行移动到当前屏幕的最上方,也就是第一行
zz	把当前行移动到当前屏幕的中间
zb	把当前行移动到当前屏幕的尾部
%	匹配括号移动(可以直接移动到（、{、[等括号上)
* 和 #	匹配光标当前所在的单词,移动光标到下一个(或者上一个)匹配的单词(* 是下一个,# 是上一个)

(2)翻页操作

ctrl+f 查看下一页内容。

ctrl+b 查看上一页内容。

(3)复制、粘贴和删除操作

三个重要的快捷键 d、y、p。

①删除:d 是删除的意思,通常搭配一个字符(删除范围)以实现删除功能(表 2.24)。

表 2.24　删除操作示例

快捷键	解释
dw	删除一个单词
dnw	删除 *n* 个单词
dfa	删除光标处到下一个 a 的字符处(fa 定位光标到 a 处)
dnfa	删除光标处到第 *n* 个 a 的字符处
dd	删除当前一整行
ndd	删除光标处开始的 *n* 行
d $	删除光标处到本行的结尾
dH	删除屏幕显示的第一行文本到光标所在的行
dG	删除光标所在行到文本结束

②复制:y 是复制的意思,通常搭配一个字符(复制范围)以实现复制功能(表 2.25)。

表 2.25　复制操作示例

快捷键	解释
yw	复制一个单词
ynw	复制 *n* 个单词
yfa	复制光标处到下一个 a 的字符处
ynfa	复制光标处到第 *n* 个 a 的字符处
yy	复制当前一行(nyy,复制 *n* 行)
y $	复制光标处到本行的结尾
yH	复制屏幕显示的第一行文本到光标所在的行
yG	复制光标所在行到文本结束

③粘贴:p 和 P 都是粘贴的意思,当执行完复制或者粘贴的命令以后,Vim 会把文本寄存起来。小写 p 在光标后开始粘贴,大写 P 在光标前开始粘贴。

(4)撤销和恢复:u,撤销刚才的操作;ctrl + r,恢复撤销操作。

(5)删除字符:x,删除光标当前所在的字符。

(6)替换:r,替换光标当前所在的字符;R,替换从光标开始以后的所有字符,除非 <Esc>

退出，或者 jj（代替 <Esc> ）退出。

（7）大小写转换操作（表 2.26）

表 2.26　大小写转换操作示例

快捷键	解释
~	将光标下的字母改变大小写
n~	将光标位置开始的 *n* 个字母改变其大小写
g~~	改变当前行字母的大小写
gUU	将当前行的字母改成大写
guu	将当前行的字母改成小写
ngUU	将光标处到下面 *n* 行的字母改成大写
gUw	将光标下的单词改成大写
guw	将光标下的单词改成小写

2.4.5　文本编辑器 nano 的使用

nano 是 Unix 和类 Unix 系统中的一个文本编辑器，最早在 1999 年由 Chris Allegretta 发布，是一款遵守 GNU（General Public License，通用公共许可证）的自由软件，是一种全功能但又易于使用的编辑器。与 Vim 和 emacs 等其他文本编辑器相比，nano 更易于学习，它是一个无模式的、所见即所得的命令行文本编辑器。

本节将介绍 nano 编辑器的基础知识，包括创建和打开文件、编辑文件、保存文件、搜索和替换文本、剪切和粘贴文本、退出 nano 编辑器。

（1）打开/创建文件

使用命令 nano filename，将打开一个新的编辑器窗口，可以开始编辑文件。在窗口的底部，列出了可在 nano 编辑器使用的按键快捷方式。所有命令都以“^”或“M”字符作为前缀。M 代表 Alt 键，^ 表示 Ctrl 键。例如，“^J”意味着同时按下 Ctrl 和 J 键。键入 Ctrl+g 可获取所有命令的列表（图 2.21）。

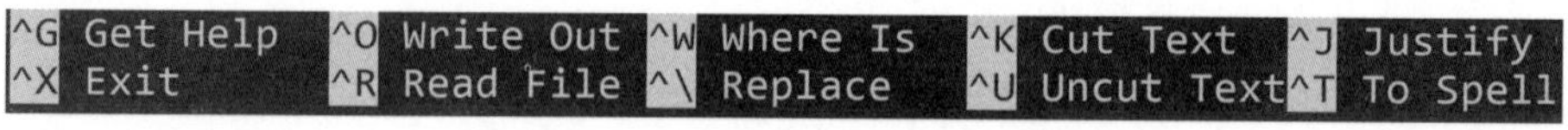

图 2.21　nano 窗口底部命令列表

（2）保存并退出文件

首先保存对文件所做的更改，按 Ctrl+o 快捷键。如果该文件尚不存在，则将在保存后立即创建该文件。再按 Ctrl+x 退出 nano 编辑器。

nano 不像 Vim 有强制退出的选项，如果对未保存的文件按下 Ctrl+x 快捷键退出，nano 将询问是否要保存更改，即显示“Save modified buffer?”按下 Ctrl+y 表示保存并退出 nano

编辑器，按下 Ctrl＋n 表示不保存并退出 nano 编辑器。要创建或保存文件，则该文件必须具有写权限。

(3)编辑文件

与 Vim 不同，nano 可以在打开文件后立即开始输入和编辑文本。要将光标移动到指定的行和字符上，请按 Ctrl＋_ 快捷键，然后在“line number，column number：”字段中输入数字，再按 Enter。

注意：Ctrl＋_ 快捷键与终端的缩小快捷键存在冲突，需要调整快捷键才可以在 nano 使用 Ctrl＋_ 快捷键，也可以暂时禁用终端的快捷键。

(4)搜索和替换

按下 Ctrl＋w 将会搜索文本，然后键入搜索的关键词，再按 Enter，光标将移至第一个匹配项。要移至下一个匹配项，请按 Alt＋w。

如果要搜索并替换，请按 Ctrl＋\。输入搜索词和要替换的文本，编辑器将移至第一个匹配项，并询问您是否替换它。按 Y 或 N 后将移至下一个匹配项。按下 A 将替换所有匹配项。

(5)复制/剪切和粘贴

要选择文本，请将光标移动到文本的开头，然后按 Alt＋a，这将设置一个选择标记，使用箭头键将光标移动到要选择文本的末尾，所选文本将高亮突出显示。按下 Alt＋6 将所选文本复制到剪贴板，Ctrl＋k 将剪切选定的文本。

若要剪切整行，只需将光标移至该行并按 Ctrl＋k，并可通过连续按下 Ctrl＋k 来剪切多行。

要粘贴文本，请将光标移动到要放置文本的位置，然后按 Ctrl＋u。

2.5　实习目的

(1)掌握虚拟机和 Linux 系统安装方法。

(2)掌握 Linux 系统基本操作。

(3)掌握 nano 编辑器使用。

(4)了解并熟悉 vim 编辑器基本操作。

2.6　实习内容

(1)练习 Linux 常用基础命令，理解每个命令功能和显示信息的意义。

(2)练习文本编辑器的使用，包括新建和编辑文本文件、文本查找和替换操作。

2.7　实习步骤

(1)目录操作类命令实习(表 2.27)

表 2.27　目录操作类命令实习

命令示例	命令解释
cd /	切换当前工作目录,从当前目录切换至根目录下
pwd	显示当前工作目录,即当前工作目录为根目录“/”
cd/home/mss/data	切换到目录 /home/mss/data
cd ..	返回上一级目录,即返回至/home/mss 目录下

ls -l /home/mss	列出目录详细信息,如下图所示
	`[mss@localhost workspace]$ ls -ls`
	`total 20`
	`0 drwxr-xr-x.  4 mss mss   84 Sep 22 08:52 build-wrf`
	`0 drwxr-xr-x.  4 mss mss   33 Sep 24 03:05 case`
	`4 drwxrwx---.  3 mss mss 4096 Sep 22 23:02 compiler_tests`
	`0 drwxr-xr-x.  4 mss mss   38 Sep 23 18:29 data`
	`0 drwxr-xr-x.  3 mss mss   58 Sep 22 09:00 docs`
	`4 drwxr-xr-x. 18 mss mss 4096 Sep 23 23:57 geog`
	`0 drwxr-xr-x.  9 mss mss   95 Sep 22 22:15 libs`
	`4 -rw-rw-r--.  1 mss mss 1343 Sep 24 03:45 README`
	`4 drwxrwx---. 10 mss mss 4096 Oct  4 22:20 src`
	`4 drwxrwx---.  7 mss mss 4096 Sep 24 00:51 wdw`

ls -al	列出目录和文件(包含隐藏项)的详细信息,-a 表示显示所有文件,即包括以“.”开头的隐藏目录和隐藏文件
ls -ls	列出文件的详细信息和文件大小
ls -rtl	按时间倒叙列出所有目录和文件
tree	不带任何参数,默认从当前目录开始展开目录树
cd ~ 或 cd ＜回车＞	返回用户主目录
mkdir dir1	在用户主目录创建目录 test
mkdir -p dir1/dir2	-p 表示创建多级目录,即在用户主目录下创建 dir1 目录,然后继续在 dir1 下创建 dir2 目录

(2)文件操作类命令实习(表 2.28)

表 2.28　文件操作类命令实习

命令示例	命令解释
cd ~ | mkdir tmp	返回用户目录并新建 tmp 目录
cp README test	将文件 README 复制到 tmp 目录下
cat README	显示 README 文件内容
head -n 2 README	查看 README 文件内容的前 2 行
tail -n 2 README	查看 README 文件内容的最后 2 行

(3)ln 命令练习并理解每个命令功能和显示信息的意义

ln -s ~/README me

创建符号链接,目标文件 me 的内容指向源文件。当用户需要在不同的目录用到相同的文件时,不需要在每一个目录下都放一个相同的文件,只要在某个固定的目录放上该文件,然后在其他目录下用 ln 命令链接它就可以,不必重复占用磁盘空间。

(4)练习管道及输出重定向

cd:返回用户主目录。

ls | wc -l:将前一个命令的输出作为后一个命令的输入,wc 表示统计,-l 表示统计行数;列出当前目录下的所有文件及目录并统计行数。

ls -l | grep ^- > txt:grep 表示文件内容筛选,^表示与以"-"开头的行匹配,>表示输入重定向,其功能是将命令的输出结果保存到指定文件中,即该命令表示列出的所有文件信息通过管道并筛选,然后将输出结果保存到 txt 中。

ls -l | grep -v ^d | grep -v ^l | wc -l > cnt :grep 表示文件内容筛选,v 表示显示不匹配的行,^d 表示与以"d"开头的行匹配,wc 表示统计,-l 表示统计行数, >表示输入重定向,其功能是将命令的输出结果保存到指定文件中。该命令表示列出用户主目录下的文件信息通过管道输出显示不匹配以"d"开头的行,再通过管道输出显示不匹配以"l"开头的行,然后通过管道统计行数,最后将其保存到 cnt 文件中。

(5)压缩和解压缩命令实习(表 2.29)

表 2.29　压缩和解压缩命令实习

命令示例	命令解释
zip readme. zip README	压缩 README 文件为 readme. zip 到当前目录
unzip readme. zip	解压 readme. zip 文件到当前目录
unzip -o -d tmp readme. zip	解压 readme. zip 文件到指定目录(tmp) 选项 -o 表示不提示的情况下覆盖文件 选项 -d 表示指明将文件解压缩到用户指定目录下

续表

命令示例	命令解释
tar -cvf readme. tar README	将 README 文件打包成 readme. tar
tar -czf readme. tar. gz README	将 README 文件打包成 readme. tar 后，再用 gzip 压缩，生成一个 gzip 压缩过的包，命名为 readme. tar. gz
tar -cjf readme. tar. bz2 README	将 README 文件打包成 readme. tar 后，再用 bzip2 压缩，生成一个 bzip2 压缩过的包，命名为 readme. tar. bz2
tar -xvf readme. tar	解压 tar 包
tar -zxvf readme. tar. gz	解压 tar. gz 包
tar -jxvf readme. tar. bz2	解压 tar. bz2 包

(6)nano 文本编辑器使用实习

①创建和打开文件

执行以下命令创建一个名为 hello-nano 的文件：

cd ~/workspace/test

nano hello-nano

输入文本“Hello nano!”，然后按 CTRL＋o 快捷键(保存)，就会创建一个名为 hello-nano 的文件，再按 CTRL＋x 退出编辑器。若直接按 CTRL＋x，会出现如图 2.22 所示的提示。

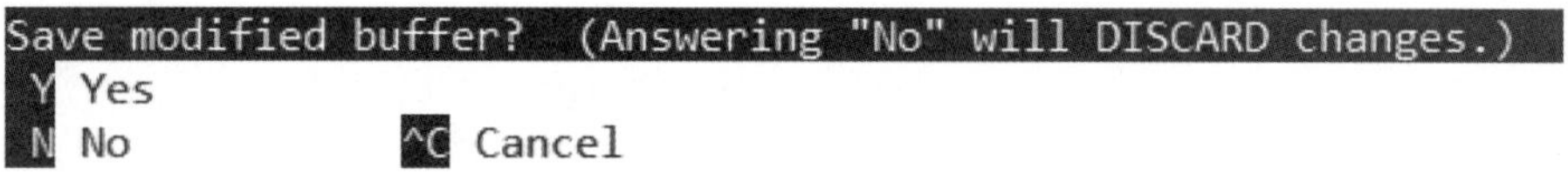

图 2.22　nano 窗口底部保存提示

想要保存文件，按 Y，放弃保存，按 N；取消操作，则按 C。

②搜索和替换

进入 workspace 文件夹：

cd ~/workspace

打开 README 文件：

nano README

按下 CTRL＋w，终端下方会出现“Search:”，键入想要搜索的关键词(例如 you)(图 2.23)，并按 ENTER，光标将移至第一个匹配项，要移至下一个匹配项，请按 ALT＋w，然后按 ENTER，重复以上操作，可以不断往下匹配关键字。如果要搜索并替换，请按 CTRL＋\，终端下方会先出现搜索词提示 Search (to replace):(图 2.24)，用户输入关键字后回车，然后会出现替换词提示“Replace with:”，此处请输入想要替换的文本(例如 me)(图 2.25)，编辑器将移至第一个匹配项，并询问用户是否替换它。按 Y 或 N 后将移至下一个匹配项。按下 A 将替换所有匹配项。

图 2.23　nano 窗口底部搜索提示

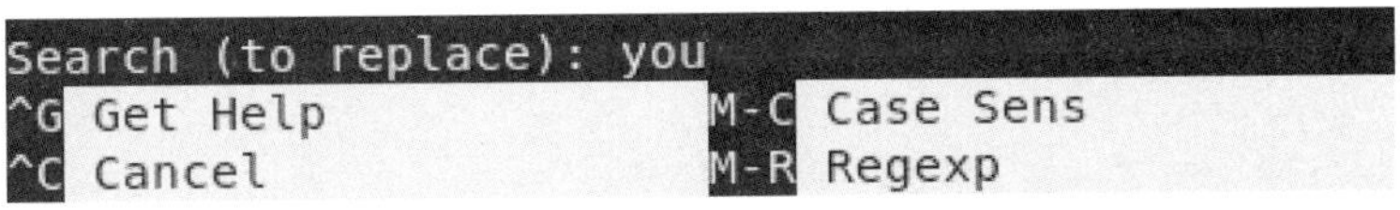

图 2.24　nano 窗口底部检索需要替换的关键词

图 2.25　nano 窗口底部输入替换文本提示

③复制/剪切和粘贴

要选择文本，请将光标移动到文本的开头，然后按 ALT＋a，将设置一个选择标记。使用箭头键将光标移动到要选择的文本的末尾，所选文本将突出显示（若要取消选择，请按 CTRL＋u）。按下 Alt＋6 将所选文本复制到剪贴板（若按 CTRL＋k，则将剪切选定的文本）。要粘贴文本，请将光标移动到要放置文本的位置，然后按 CTRL＋u。

(7) Vim 编辑器操作实习

在终端输入：

vi hello-vim

终端下方任务栏会出现提示信息：

"hello-vim" [New File]

即将创建一个名为 hello-vim 的文本文件，且 Vim 处于正常模式。

按字母键"i"，进入编辑模式，下方任务栏提示信息变为

--INSERT--

即编辑器进入编辑模式，此模式下可输入和编辑文本。

输入"Hello vim!"，然后按 ESC 键，回到正常模式。接着按冒号（:）键，在任务栏的":"后面输入"wq"，表示保存文件并退出，按下 ENTER 键，一个含"Hello vim!"的 hell-vim 文件就创建完成了。

第 3 章　编译器和 WRF 模式的安装

3.1　编译器检查及编译环境测试

3.1.1　编译器的选择和检查

因为 WRF 使用 Fortran 语言编写，并且只提供源码包，而且其他配置环境所需的软件如 netCDF 等都需要首先对源码包进行编译，所以必须为 Linux 系统安装编译器。

一般来说，编译器系列的选择多种多样，如 gnu 系列的 GCC、g＋＋和 gfortran，Intel 系列的 icc、i＋＋和 ifort，或者使用 NVIDIA 的 PGI 系列。

注意：为避免模式及其所需库文件编译器参数错误，必须统一使用同一种编译器对所有库文件源代码进行编译和安装，且常因软件版本、相互依赖关系及系统环境的兼容性问题导致安装报错。

为简化安装流程和软件环境兼容性，本书将统一使用系统默认的 GCC 系列编译器进行模式所需软件包安装和模式源代码编译。

GCC(GNU Compiler Collection)是由 GNU 开发的编程语言编译器。GCC 最初代表"GNU C Compiler"，当时只支持 C 语言，之后经过扩展使之能够支持更多编程语言，包括 C＋＋、Fortran 和 Java 等。因此，GCC 也被重新定义为"GNU Compiler Collection"，成为历史上最优秀的编译器之一。GCC 的官网地址为 https://gcc.gnu.org/，在 Rocky Linux 系统下默认已经安装好 GCC 编译器，可以通过命令：

```
gcc -v
gfortran -v
```

查看系统中 GCC 和 gfortran 编译器的版本及安装路径(图 3.1)。

Rocky Linux 系统默认没有 gfortran，因此，需要安装 gcc-gfortran，命令如下：

```
sudo yum install gcc-gfortran
```

至此，编译器准备完毕。

```
[mss@localhost ~]$ gcc -v
Using built-in specs.
COLLECT_GCC=gcc
COLLECT_LTO_WRAPPER=/usr/libexec/gcc/x86_64-redhat-linux/8/lto-wrapper
OFFLOAD_TARGET_NAMES=nvptx-none
OFFLOAD_TARGET_DEFAULT=1
Target: x86_64-redhat-linux
Configured with: ../configure --enable-bootstrap --enable-languages=c,c++,fortran,lto --pref
ix=/usr --mandir=/usr/share/man --infodir=/usr/share/info --with-bugurl=https://bugs.rockyli
nux.org/ --enable-shared --enable-threads=posix --enable-checking=release --enable-multilib
--with-system-zlib --enable-__cxa_atexit --disable-libunwind-exceptions --enable-gnu-unique-
object --enable-linker-build-id --with-gcc-major-version-only --with-linker-hash-style=gnu -
-enable-plugin --enable-initfini-array --with-isl --disable-libmpx --enable-offload-targets=
nvptx-none --without-cuda-driver --enable-gnu-indirect-function --enable-cet --with-tune=gen
eric --with-arch_32=x86-64 --build=x86_64-redhat-linux
Thread model: posix
gcc version 8.5.0 20210514 (Red Hat 8.5.0-18) (GCC)
```

图 3.1　GCC 编译器信息

3.1.2　编译环境测试

测试 C 和 Fortran 编译器，验证是否正确构建了 Fortran 编译器，且该编译器与 C 编译器兼容。测试文件(Fortran and C Tests Tar File)在 WRF 官方“系统环境测试”板块下载——https://www2.mmm.ucar.edu/wrf/OnLineTutorial/compilation_tutorial.php 。

在 workspace 工作目录下创建测试目录：

mkdir compiler_tests

减压测试文件到 compiler_tests 目录下：

tar -xvf Fortran_C_tests.tar

最后，根据“系统环境测试”指导，完成 4 个编译器测试(表 3.1)。

表 3.1　系统环境测试

测试内容	执行步骤
测试一：TEST_1_fortran_only_fixed.f	命令行执行：gfortran TEST_1_fortran_only_fixed.f 执行完后会生成新的 a.out 文件 命令行执行：./a.out 屏幕输出内容为： SUCCESS test 1 fortran only fixed format
测试二：TEST_2_fortran_only_free.f90	命令行执行：gfortran TEST_2_fortran_only_free.f90 执行完后会生成新的 a.out 文件 命令行执行：./a.out 屏幕输出内容为： Assume Fortran 2003：has FLUSH，ALLOCATABLE derived type，and ISO C Binding SUCCESS test 2 fortran only free format

续表

测试内容	执行步骤
测试三：TEST_3_c_only. c	命令行执行：gcc TEST_3_c_only. c 执行完后会生成新的 a. out 文件 命令行执行：. /a. out 屏幕输出内容为： SUCCESS test 3 C only
测试四：TEST_4_fortran+c_c. c TEST_4_fortran+c_f. f90（Fortran 调用 C 函数）	gcc 和 gfortran 具有不同的默认值，在组合它们时需要统一使用 64 位[-m64]。 命令行执行：gcc -c -m64 TEST_4_fortran+c_c. c 执行完后会生成 TEST_4_fortran+c_c. o 文件 命令行执行：gfortran -c -m64 TEST_4_fortran+c_f. f90 执行完后会生成 TEST_4_fortran+c_f. o 文件 命令行执行：gfortran -m64 TEST_4_fortran+c_f. o TEST_4_fortran+c_c. o 执行完后会生成新的 a. out 文件 命令行执行：. /a. out 屏幕输出内容为： C function called by Fortran Values are xx =2. 00 and ii = 1 SUCCESS test 4 fortran calling c

3.2　模式所需软件包(即库文件)安装

WRF 安装之前需要安装编译器和库文件，本次安装选择的编译器和库文件的版本如下：

Linux 系统：Rocky Linux 8；

编译器版本：gcc-8. 5. 0；

库文件版本：szip2. 2. 1，zlib-1. 2. 11，libpng-1. 6. 37，jasper-1. 900. 1，hdf5-1. 10. 5，netcdf-c-4. 7. 2，netcdf-fortran-4. 5. 2，mpich-3. 4. 2。

在 /home/mss/workspace 下面，使用命令 mkdir 新建目录(表 3. 2)。

表 3. 2　环境目录创建

目录名称	用途说明
build_wrf	编译 WRF 和 WPS 源代码
case	用于个例模拟
data	存放全球再分析资料
geog	WPS 所需的全球静态地形资料
libs	已编译好的库文件
src	模式和库文件源代码
wdw	WRF Domain Wizard 程序

(1)环境变量设置

在安装库文件之前,在终端中使用 export 设置编译器环境变量。

```
export CC=gcc
export FC=gfortran
export F77=gfortran
export CFLAGS=-m64
export FFLAGS=-m64
```

(2)安装 zlib

官网 http://www.zlib.net/

```
tar zxvf zlib-1.2.11.tar.gz
./configure --prefix=yourpath
make & make install
```

注:编译具有 grib2 功能的 WPS(特别是 ungrib.exe)所必需的压缩库。

(3)安装 libpng

官网 www.libpng.org

```
tar zxvf libpng-1.6.37.tar.gz
./configure --prefix=yourpath
make & make install
```

注:编译具有 grib2 功能的 WPS(特别是 ungrib.exe)所必需的压缩库。

(4)安装 jasper

官网 http://www.zlib.net/

```
tar zxvf jasper-1.900.1.tar.gz
./configure --prefix=yourpath
make & make install
```

注:编译具有 grib2 功能的 WPS(特别是 ungrib.exe)所必需的压缩库。

(5)安装 szip

官网 http://www.compressconsult.com/szip/

```
tar zxvf szip-2.1.1.tar.gz
./configure --prefix=yourpath
make & make install
```

注:用于 HDF5 和 netCDF-4 解码和压缩。

(6)安装 HDF5

官网 www.hdfgroup.org/

netCDF-4 的编译和安装需要 HDF5 的静态库支持,WRF 对 grib2 文件的读取也需要 netCDF-4 和 HDF5 的支持。

```
tar zxvf hdf5-1.10.5.tar.bz2
./configure  --prefix =/home/mss/workspace/libs/hdf5  --enable-parallel  --enable-
             shared                                                              \
             --enable-fortran --with-szlib=/home/mss/workspace/libs/szip/        \
             --with-zlib=/home/mss/workspace/libs/zlib/make
make check（检查软件计算库完整性和各类算法测试）
make install
```

(7)安装 netCDF

官网 https://www.unidata.ucar.edu/software/netcdf/

第一步：安装 netcdf-c

```
./configure  CPPFLAGS="-I/yourpath/hdf5/include -I/yourpath/mpich-x86_64"   \
             LDFLAGS="-L/home/yourpath/hdf5/lib -lhdf5_hl -lhdf5 -lz -lm     \
             -L/home/mss/workspace/libs/szip/lib"                           \
             --prefix=/home/mss/workspace/libs/netcdf                       \
             --enable-netcdf-4 --enable-shared--disable-static --disable-dap
```

第二步：安装 netcdf-fortran

```
./configure  CPPFLAGS="-I/home/mss/workspace/libs/hdf5/include                         \
             -I/usr/include/mpich-x86_64 -I/home/mss/workspace/libs/netcdf/include"    \
             LDFLAGS="-L/home/mss/workspace/libs/hdf5/lib -lhdf5_hl -lhdf5 -lz -
             lm                                                                        \
             -L/home/mss/workspace/libs/netcdf/lib"                                    \
             --prefix=/home/mss/workspace/libs/netcdf --enable-shared--disable-stat-
             ic
```

注：netCDF(network Common Data Form)网络通用数据格式是由美国大气研究大学联合会(University Cooperation for Atmospheric Research,UCAR)的 Unidata 项目科学家针对科学数据的特点开发的，是一种面向数组型并适于网络共享的数据的描述和编码标准。netCDF 广泛应用于大气科学、水文、海洋学、环境模拟、地球物理等诸多领域。用户可以借助多种方式方便地管理和操作 netCDF 数据集。netCDF 库是构建 WRF 的唯一强制性库。若要使用 netCDF-4 格式和相关功能，则在编译时需要有 HDF5 头文件和静态库提供支持。

(8)安装 mpich2

官网 http://www.mpich.org

```
sudo yum install mpich2
```

注：mpich2 用于工作站并行计算。

(9)安装 ncarg-ncl

官网 http://www.ncl.ucar.edu/

sudo yum install ncarg-ncl

注:提供 WRF 模式前处理系统 WPS 编译的必要库文件支持,并可做模式结果后处理。

(10)安装 ncview

sudo yum install ncview

注:ncview 在大气科学领域应用非常广泛,能方便地对 netCDF 文件进行可视化操作。

3.3　设置用户环境变量

个人工作站运行 WRF 模式,需要对计算机堆栈限制、数据限制、内存限制和 WRF 运行选项等进行必要设置。在用户主目录下(/home/mss)有一个用户登录时会自动执行的配置文件(可根据用户习惯自定义设置),即“. bashrc”文件,该文件本身包含终端会话的一系列配置,包括设置或启用:终端配色、命令历史记录、命令别名、内存限制、库文件环境变量和模式参数等。接下来,设置 WRF 运行所需的用户环境变量。

使用 Vim 打开“. bashrc”

```
$ vi ~/. bashrc
```

光标在最下方,使用字母键“o”,往下插入以下配置代码:

```
# unlock the stack size(s) data size(d) mem size(m)
# 在工作站中取消堆栈、数据和内存的最大值限制
ulimit -s unlimited#取消堆栈的最大值限制
ulimit -d unlimited#取消数据段的最大值限制
ulimit -m unlimited#取消可用常驻内存的最大值限制

# WRF environment parameters
# WRF 环境变量设置
export WRF_EM_CORE=1
#指定编译 WRF_ARW 核心模块(the Advanced Researched WRF)
export WRF_NMM_CORE=0
#不编译 WRF_NMM 核心模块(the Nonhydrostatic Mesoscalse Mode)
export WRF_DA_CORE=0
#不编译 WRF_DA 核心模块(WRF data assimilation)
export WRFIO_NCD_LARGE_FILE_SUPPORT=1
#启动输入输出大文件支持,即支持超过 2 GB 的 netCDF 文件
```

输入 source ~/. bashrc 让 . bashrc 中的新建变量立即生效。

3.4　模式编译

下载 WRF 软件包，官网地址：https://github.com/wrf-model/WRF，本教材采用 WRFv4.2 作为教学参考模式版本。

WRF 源代码编译

执行以下命令：

cd build_wrf

tar -zxvf WRFV4.2.2.TAR.gz

cd WRF-4.2.2

./configure

屏幕会显示如图 3.2 所示的信息。

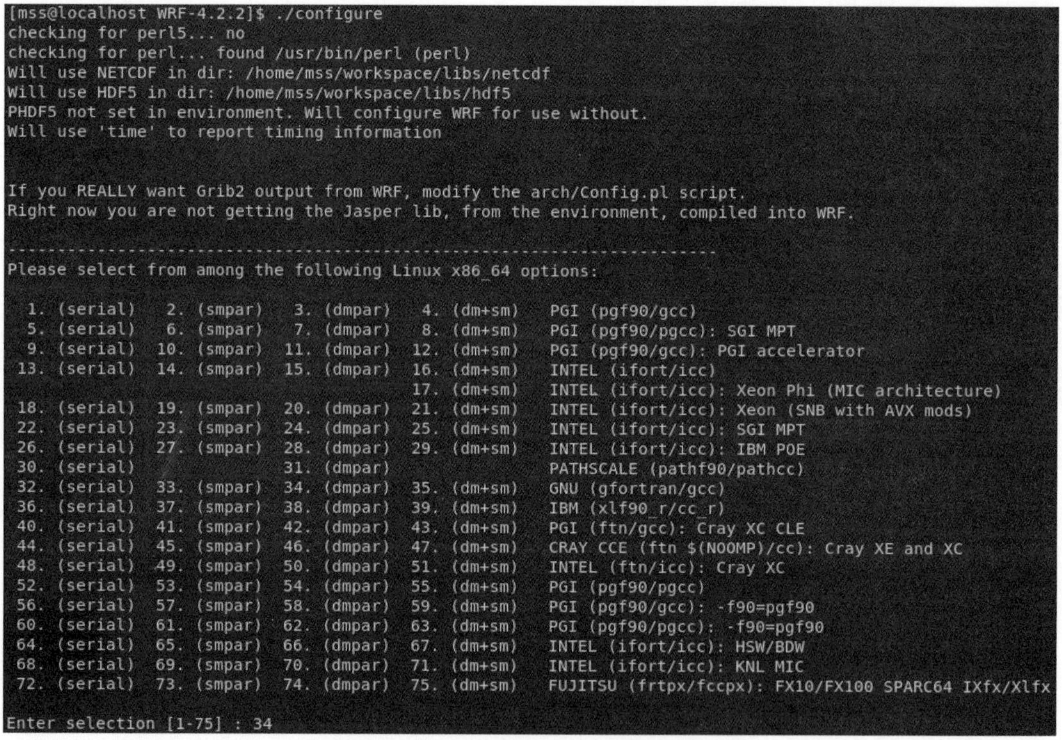

```
[mss@localhost WRF-4.2.2]$ ./configure
checking for perl5... no
checking for perl... found /usr/bin/perl (perl)
Will use NETCDF in dir: /home/mss/workspace/libs/netcdf
Will use HDF5 in dir: /home/mss/workspace/libs/hdf5
PHDF5 not set in environment. Will configure WRF for use without.
Will use 'time' to report timing information


If you REALLY want Grib2 output from WRF, modify the arch/Config.pl script.
Right now you are not getting the Jasper lib, from the environment, compiled into WRF.

------------------------------------------------------------------------
Please select from among the following Linux x86_64 options:

  1. (serial)   2. (smpar)   3. (dmpar)   4. (dm+sm)   PGI (pgf90/gcc)
  5. (serial)   6. (smpar)   7. (dmpar)   8. (dm+sm)   PGI (pgf90/pgcc): SGI MPT
  9. (serial)  10. (smpar)  11. (dmpar)  12. (dm+sm)   PGI (pgf90/gcc): PGI accelerator
 13. (serial)  14. (smpar)  15. (dmpar)  16. (dm+sm)   INTEL (ifort/icc)
                                         17. (dm+sm)   INTEL (ifort/icc): Xeon Phi (MIC architecture)
 18. (serial)  19. (smpar)  20. (dmpar)  21. (dm+sm)   INTEL (ifort/icc): Xeon (SNB with AVX mods)
 22. (serial)  23. (smpar)  24. (dmpar)  25. (dm+sm)   INTEL (ifort/icc): SGI MPT
 26. (serial)  27. (smpar)  28. (dmpar)  29. (dm+sm)   INTEL (ifort/icc): IBM POE
 30. (serial)               31. (dmpar)                PATHSCALE (pathf90/pathcc)
 32. (serial)  33. (smpar)  34. (dmpar)  35. (dm+sm)   GNU (gfortran/gcc)
 36. (serial)  37. (smpar)  38. (dmpar)  39. (dm+sm)   IBM (xlf90_r/cc_r)
 40. (serial)  41. (smpar)  42. (dmpar)  43. (dm+sm)   PGI (ftn/gcc): Cray XC CLE
 44. (serial)  45. (smpar)  46. (dmpar)  47. (dm+sm)   CRAY CCE (ftn $(NOOMP)/cc): Cray XE and XC
 48. (serial)  49. (smpar)  50. (dmpar)  51. (dm+sm)   INTEL (ftn/icc): Cray XC
 52. (serial)  53. (smpar)  54. (dmpar)  55. (dm+sm)   PGI (pgf90/pgcc)
 56. (serial)  57. (smpar)  58. (dmpar)  59. (dm+sm)   PGI (pgf90/gcc): -f90=pgf90
 60. (serial)  61. (smpar)  62. (dmpar)  63. (dm+sm)   PGI (pgf90/pgcc): -f90=pgf90
 64. (serial)  65. (smpar)  66. (dmpar)  67. (dm+sm)   INTEL (ifort/icc): HSW/BDW
 68. (serial)  69. (smpar)  70. (dmpar)  71. (dm+sm)   INTEL (ifort/icc): KNL MIC
 72. (serial)  73. (smpar)  74. (dmpar)  75. (dm+sm)   FUJITSU (frtpx/fccpx): FX10/FX100 SPARC64 IXfx/Xlfx

Enter selection [1-75] : 34
```

图 3.2　WRF 的 configure 命令执行信息

此时看到的是编译器的选择和运算方式，这里选择分布式并行（dmpar）计算，序号为 34，即“34. (dmpar) GNU (gfortran/gcc)”，在执行完后会提示嵌套网格选项，默认选择 1。配置完成后，接下来开始编译，输入命令：

```
./compile em_real >& compile.log &
```

让编译过程输出到 compile.log 文件，用于记录编译过程，方便监视和查错。使用以下命令，可以实时观察编译的详细过程：

```
tail -f compile.log
```

编译时间较长，通常在 40 分钟以上，编译成功后，会在 ./WRF/main 文件夹下出现 wrf.exe、real.exe、ndown.exe 和 tc.exe 4 个可执行文件，表明编译成功。

若出现错误未成功，可能是环境变量配置错误，可以通过 compile.log(编译日志)查看错误信息，并重新编译。

3.5 WPS 源代码编译

下载 WPS 软件包，官网地址：https://github.com/wrf-model/WPS，本教材采用 WRFv4.2 作为教学参考模式版本。

```
cd build_wrf/
tar -zxvf WPS-4.2.tar.gz
cd WPS-4.2
```

设置临时环境变量，为 WPS 提供 jasper 的头文件和库文件路径。

```
export JASPERLIB=/your/jasper/lib
export JASPERINC=/your/jasper/include
./configure
```

此时看到的是编译器的选择和运算方式(图 3.3)，这里选择单线程(serial)计算，序号为 1，即"1. Linux x86_64, gfortran (serial)"。

配置完成后，接下来开始编译，输入如下命令：

```
./compile >& compile.log &
```

让编译过程输出到 compile.log 文件，用于记录编译过程，方便监视和查错。使用以下命令，可以实时观察编译的详细过程：

```
tail -f compile.log
```

编译结束后，在 WPS 目录出现 ungrib.exe、geogrid.exe 和 metgrid.exe 3 个可执行文件，则表示编译成功。

3.6 安装 WRF Domain Wizard

模式网格的经纬度设置和网格大小的选择往往非常烦琐，可视化前处理程序 WRF Domain Wizard 能极大提高模式前处理效率(https://esrl.noaa.gov/gsd/wrfportal/DomainWizard.html)。WRF Domain Wizard 是一个 WPS 的图形用户界面，能够通过选择地球上的

```
Found what looks like a valid WRF I/O library in ../WRF-4.2.2
Found Jasper environment variables for GRIB2 support...
  $JASPERLIB = /home/mss/workspace/libs/jasper/lib
  $JASPERINC = /home/mss/workspace/libs/jasper/include
------------------------------------------------------------------------
Please select from among the following supported platforms.

   1.  Linux x86_64, gfortran    (serial)
   2.  Linux x86_64, gfortran    (serial_NO_GRIB2)
   3.  Linux x86_64, gfortran    (dmpar)
   4.  Linux x86_64, gfortran    (dmpar_NO_GRIB2)
   5.  Linux x86_64, PGI compiler   (serial)
   6.  Linux x86_64, PGI compiler   (serial_NO_GRIB2)
   7.  Linux x86_64, PGI compiler   (dmpar)
   8.  Linux x86_64, PGI compiler   (dmpar_NO_GRIB2)
   9.  Linux x86_64, PGI compiler, SGI MPT   (serial)
  10.  Linux x86_64, PGI compiler, SGI MPT   (serial_NO_GRIB2)
  11.  Linux x86_64, PGI compiler, SGI MPT   (dmpar)
  12.  Linux x86_64, PGI compiler, SGI MPT   (dmpar_NO_GRIB2)
  13.  Linux x86_64, IA64 and Opteron    (serial)
  14.  Linux x86_64, IA64 and Opteron    (serial_NO_GRIB2)
  15.  Linux x86_64, IA64 and Opteron    (dmpar)
  16.  Linux x86_64, IA64 and Opteron    (dmpar_NO_GRIB2)
  17.  Linux x86_64, Intel compiler    (serial)
  18.  Linux x86_64, Intel compiler    (serial_NO_GRIB2)
  19.  Linux x86_64, Intel compiler    (dmpar)
  20.  Linux x86_64, Intel compiler    (dmpar_NO_GRIB2)
  21.  Linux x86_64, Intel compiler, SGI MPT    (serial)
  22.  Linux x86_64, Intel compiler, SGI MPT    (serial_NO_GRIB2)
  23.  Linux x86_64, Intel compiler, SGI MPT    (dmpar)
  24.  Linux x86_64, Intel compiler, SGI MPT    (dmpar_NO_GRIB2)
  25.  Linux x86_64, Intel compiler, IBM POE    (serial)
  26.  Linux x86_64, Intel compiler, IBM POE    (serial_NO_GRIB2)
  27.  Linux x86_64, Intel compiler, IBM POE    (dmpar)
  28.  Linux x86_64, Intel compiler, IBM POE    (dmpar_NO_GRIB2)
  29.  Linux x86_64 g95 compiler     (serial)
  30.  Linux x86_64 g95 compiler     (serial_NO_GRIB2)
  31.  Linux x86_64 g95 compiler     (dmpar)
  32.  Linux x86_64 g95 compiler     (dmpar_NO_GRIB2)
  33.  Cray XE/XC CLE/Linux x86_64, Cray compiler   (serial)
  34.  Cray XE/XC CLE/Linux x86_64, Cray compiler   (serial_NO_GRIB2)
  35.  Cray XE/XC CLE/Linux x86_64, Cray compiler   (dmpar)
  36.  Cray XE/XC CLE/Linux x86_64, Cray compiler   (dmpar_NO_GRIB2)
  37.  Cray XC CLE/Linux x86_64, Intel compiler   (serial)
  38.  Cray XC CLE/Linux x86_64, Intel compiler   (serial_NO_GRIB2)
  39.  Cray XC CLE/Linux x86_64, Intel compiler   (dmpar)
  40.  Cray XC CLE/Linux x86_64, Intel compiler   (dmpar_NO_GRIB2)

Enter selection [1-40] : 1
```

图 3.3　WPS 的 configure 命令执行信息

一个区域和选择地图投影来轻松定义和定位网格范围，并将设置结果保存到 namelist. wps 和 namelist. input。用户可以使用嵌套编辑器定义嵌套网格和编辑 namelist. input，还可以在图形界面中运行 WPS 程序，并显示输出结果。

要运行 WRF Domain Wizard，首先需要安装 java 和 javac，命令如下：

sudo yum install java javac

通过官网下载软件，并使用 unzip 命令解压：

unzip -d ~/workspace/wdw WRFDomainWizard.zip

进入 wdw 目录,并输入以下命令启动 WRF Domain Wizard:

./run_DomainWizard

后面的章节将会利用 WRF Domain Wizard 详细介绍模拟网格的设置。

3.7 实习目的与要求

(1)熟悉模式安装环境变量的设置。

(2)掌握库文件的编译方法。

(3)掌握 WRF 运行所需的用户环境变量的含义和 .bashrc 的设置。

(4)能够独立编译 WRF 和 WPS 代码。

3.8 实习内容

(1)检查系统环境。

(2)练习独立编译一个库文件。

(3)环境变量设置。

(4)编译 WRF 和 WPS 源码。

3.9 实习步骤

(1)按照"表 3.1 系统环境测试",完成所有测试项目。

(2)首先设置编译器环境变量,然后使用 mkdir 命令创建一个自定义目录,cd 进入该目录,继续用 cp 命令,将 zlib-1.2.11.tar.gz(也可以是其他源码包)复制到刚才所建的自定义目录中,参照"3.2 模式所需软件包(即库文件)安装",完成 zlib 的编译。

(3)参照"3.3 设置用户环境变量",用 vi 编辑用户配置文件".bashrc",完成用户环境变量设置。

(4)将 WRF 模式源码包复制到用户自定义目录中,参照"3.4 模式编译",完成编译。

3.10 课外加强实习

为巩固 Linux 基本操作、熟悉模式结构和编译方法,建议用户在自己的电脑上,按照本章所述内容和方法指南,从虚拟 Linux 系统安装开始,完整地实习操作一遍系统环境搭建和模式编译等全套流程。

第 4 章　前处理模块 WPS 的运行

4.1　WPS 模块简介

WPS 是 WRF 的前处理系统，是用来定义模拟时间段及区域、网格及投影方式，将获得的静态地理数据(如地形、土地利用类型、土壤参数等)插值到模拟域，并将气象数据水平插值到 WRF 模拟区域网格中，为 WRF 主程序提供所需数据，以进行真实数据模拟。该部分由 3 个子程序组成，每个子程序完成一个阶段的准备工作(图 4.1)：

geogrid. exe 定义模拟区域、投影方式、嵌套关系等并将静态地理数据插值到网格上；

ungrib. exe 从 grib 格式文件中提取所需要的气象数据；

metgrid. exe 将地表及气象数据时空插值到模拟区域上。

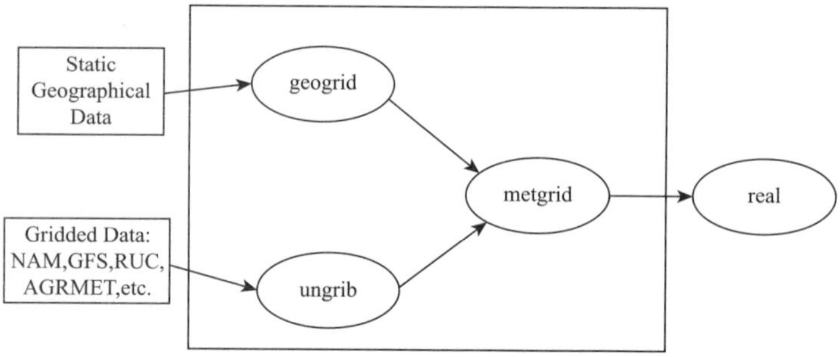

图 4.1　WPS 的构成

(https://www2. mmm. ucar. edu/wrf/users/docs/user_guide_v4/v4. 2/users_guide_chap3. html)

(1)geogrid 模块

geogrid. exe 用于定义模拟区域，并将各种地形数据集插值到模式网格中。模拟区域可通过“namelist. wps”中 &geogrid 参数设置确定。除了设置每个网格点的纬度、经度及地图比例因子外，还可以根据默认值来插值土壤类型、土地利用类别、地形高度、年平均深层土壤温度、植被覆盖、反照率、最大积雪反照率和坡度类别等信息。这些全球数据集可通过 WRF 官网进行下载。由于这些数据不随时间变化，故下载一次即可。

除了插值默认的地面场之外，geogrid. exe 还可通过表格文件 GEOGRID. TBL 将大多数连续的、不同种类的地形场插值到模拟区域。GEOGRID. TBL 文件定义了所有可以被 geogrid 生成的地形场，它描述了插值地形场所需的方法及所需数据的存放位置。

(2)ungrib 模块

ungrib. exe 主要用于读取 grib 文件，提取需要的气象要素，并以一种“中间格式”写入数据。因此，grib 文件包含的要素应该多于驱动模式运行的数量。两种不同格式的 grib 使用不同的编码来确定变量及在 grib 文件中的层次。ungrib 使用这些编码表格，即 Vtables(变量表)，来定义从 grib 文件中提取哪些变量并写入中间格式。WRF 提供的 Vtables 可在 WPS 主目录下的/ungrib/Variable_Tables/查看。除了提供的 NAMAWIP、GFS、NCEP/NCAR 再分析资料、AFWA 的 AGRMET 陆面模式输出、ECMWF 及其他数据集以外，还可以使用任何一个 Vtables 作为模板创建所需要的 Vtables。

ungrib 可以用 3 种可选格式中的任意一种进行中间数据文件的编写：WPS，一种新的格式，包含对下游程序有用的附加信息；SI，WRF 以前的中间格式；MM5，可用于向 MM5 模式提供 grib2 数据。建议使用 WPS 格式。

(3)metgrid 模块

metgrid. exe 将 ungrib. exe 提取得到中间格式的气象数据水平插值到 geogrid. exe 定义的模拟区域上。插值后的输出可被后续的 real. exe 识别和运用。metgrid 模块的输出是以 WRF I/O API 格式写入的，因此，通过选择 netCDF I/O 格式，metgrid 可以将其输出写入 netCDF，以便使用外部软件进行可视化。

metgird 模块插值数据的时间段可通过设置 namelist. wps 中 &share 参数进行调整，且每个模拟区域的模拟时间单独设置。与 ungrib. exe 一致，metgird 处理的数据随时间改变，因此，开始新的模拟时，metgird. exe 需要重新运行。

4.2　实习目的

(1)了解 WPS 各模块的功能。

(2)掌握 WPS 的安装和使用步骤，并能根据需求修改 namelist. wps。

(3)掌握模拟区域设置及嵌套区域显示。

4.3　实习内容

(1)WPS 的安装与编译。

(2)下载 Doksuri_case 所需要的准备数据。

(3)编辑和修改 namelist. wps. Doksuri。

(4)WPS 中模拟区域及嵌套区域的配置与绘制。

4.4 实习步骤

4.4.1 资料准备

一般情况下，运行 WRF 所必需的初始数据包括静态地理数据和初始气象场数据。

(1)静态地理数据

静态地理数据可到 WRF 用户网站中的静态地理数据下载界面有选择性地进行下载(https://www2.mmm.ucar.edu/wrf/users/download/get_sources_wps_geog.html)，包含地形数据、土地利用数据、土壤数据、叶面积指数等数据。这些数据大多为全球数据集，且是不随时间变化的静态数据集，因此，下载后可用于后续所有的模拟过程。在分辨率的选择上，部分数据集只有在特定的模拟精度下才能被使用。

(2)驱动 WRF 的模式数据

WRF 可使用多种再分析资料作为其初始气象场数据。在执行 ungrib.exe 时，程序会通过不同 Vtable 编码表格对不同来源的初始场数据进行识别并提取转化成统一的中间过渡格式数据，用户也可以基于 Vtable 编写规则来自定义 Vtable 文件，使得某一特定格式的初始气象场数据能够被识别。驱动 WRF 所需要的变量包括气压、温度、湿度、风场及地表资料，如土壤湿度和植被覆盖等。

注意，驱动 WRF 需要下载 grib 格式的数据，且下载的变量场的范围应当大于模拟区域的范围。一般情况下，grib 格式数据是使用最为频繁的初始气象场数据类型，grib 格式数据又分为 grib1 与 grib2 格式。grib 格式的数据集，预报业务中使用较多的有 GFS(Global Forecast System)数据集；而针对历史模拟时，使用较为频繁的则为 FNL(Final Reanalysis Data)再分析数据集。这里对两种数据集做简单介绍。

GFS 数据来自美国国家环境预报中心(NCEP)的 GFS 全球预报系统，该系统每天发布 4 次全球范围的气象数据，分辨率最高可达到 0.25°×0.25°(https://ftp.ncep.noaa.gov/data/nccf/com/ gfs/prod/)。

FNL 再分析数据集由美国国家环境预报中心(NCEP)和美国国家大气研究中心(NCAR)联合制作，采用了当今最先进的全球资料同化系统和完善的数据库，对各种来源(地面、船舶、无线电探空、测风气球、飞机、卫星等)的观测资料进行质量控制和同化处理，得到的一套完整的再分析资料集，它包含要素多、范围广，且延伸时段长，是一个综合的数据集(https://rda.ucar.edu/datasets/ds083.2/index.html)。

4.4.2 WPS 安装

首先在官网获取 WPS 源文件，使用如下命令进入 WRF 目录进行解压、配置和编译：

```
cd WRF
```

```
tar -zxvf WPS-4.2.tar.gz
cd WPS
./configure
./compile
```

需要注意的是，由于在编译 WPS 时需要使用到 WRF 编译完成的函数库，因此，应当先编译 WRF，再编译 WPS。WPS 安装成功后，可在文件夹下观察到 3 个可执行文件——geogrid.exe、ubgrib.exe 及 metgrid.exe。如果编译失败，可先回到 WPS 目录下，输入“./clean -a”，重新查找问题进行安装。

4.4.3　namelist.wps 文件编辑和修改

经过上述介绍，不难发现，运行 WPS 主要为以下三步。

(1)利用 geogrid 模块定义模拟区域及嵌套区域

模拟区域的确定及嵌套区域的设置是通过 namelist.wps 文件中与“geogrid”有关的参数来实现的。此部分需修改 &share 和 &geogrid 模块的相关参数，见表 4.1。

表 4.1　namelist.wps 参数说明

	变量名	输入举例	描述
&share	wrf_core	ARW;NMM	如果 WPS 为 ARW 模拟运行，则设为“ARW”；如果为 NMM 模拟运行，则将其设为“NMM”
	max_dom	1;2	控制模拟区域的嵌套层数，1 指 1 个模拟区域，即无嵌套，最大嵌套层数为 3 层
	start_date		模拟的开始时间，从左到右依次是第一层、第二层和第三层
	end_date		模拟的结束时间
	interval_seconds		输入资料的时间间隔，单位为秒
	io_form_geogrid	2	输出数据格式：1 指 binary，文件后缀是 .int；2 指 netCDF，即 nc 文件；3 指 grib1，默认为 2
	opt_output_from_geogrid_path		可选，生成地形数据的存放位置，默认放置在 WPS 目录下
&geogrid	parent_id	1,1,2	每个模拟区域父域的编号，第一个设为 1
	parent_grid_ratio	1,3,3	相对于父域的空间嵌套比率，第一个设为 1，其他推荐 3 或 5
	i_parent_start	1,19,28	在其父域中左下角的 x 坐标，第一个设为 1
	j_parent_start	1,16,21	在其父域中左下角的 y 坐标，第一个设为 1
	e_we		东西方向网格数量
	e_sn		南北方向网格数量
	geo_data_res	'default'	每层静态地理数据的精度

续表

	变量名	输入举例	描述
&geogrid	dx		x 方向的网格空间分辨率，只设置第一层，如果有多个 domain，会根据 parent_grid_ratio 进行换算
	dy		y 方向的网格空间分辨率
	map_proj		模拟区域的映射投影类型，所有域须使用相同的投影
	ref_lat		最外层区域的中心纬度值，可与网格数及网格间距确定模拟区域
	ref_lon		最外层区域的中心经度值
	truelat1		第一个真实纬度，与投影方式有关
	truelat2		第二个真实纬度
	stand_lon		标准经度，实际图形以该轴展开，一般设置与 ref_lon 相同
	geo_data_path		静态地理数据存储路径
&ungrib	out_format	'WPS'	写入的中间数据的格式，默认使用 WPS
	prefix	'FILE'	中间文件指定路径和前缀
&metgrid	fg_name	'FILE'	中间气象数据文件的路径和前缀。如果指定了多个 fg_名称，且在多个输入源中包含相同的字段，则最后的数据源将优先于所有之前的数据源，默认为空列表
	io_form_metgrid	2	指定水平插值文件的输出格式，1 为二进制格式，2 为 nc 格式，3 为 grib 格式，默认为 nc 格式输出

将所需要的静态地理数据下载完成后执行 tar zxvf geog. tar. gz，在/home/mss/workspace/geog 文件夹下会出现解压完成的地形数据（图 4.2）。该部分数据量较大，解压时间较长。

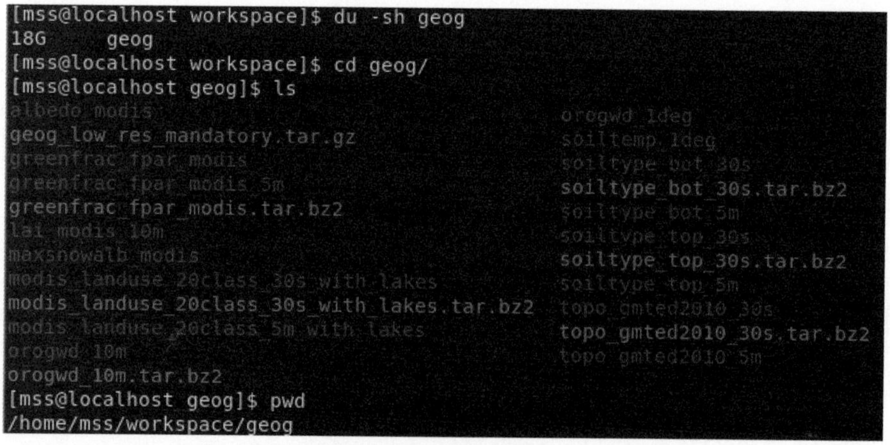

图 4.2　静态地理数据解压

接下来对 namelist 进行设置。在设置 &share 参数时(图 4.3),选择 core 后,使用 max_dom 选择域嵌套层总数。由于 geogrid 生成的数据与时间无关,因此,start_date、end_date 和 interval_seconds 等参数会被 geogrid 忽略。此外,也可以使用 opt_output_from_geogrid_path 指定域文件的写入位置(如果不是默认位置,则为当前工作目录),并使用 io_form_geogrid 更改域文件的格式。

```
&share
 wrf_core             = 'ARW',
 max_dom              = 2,
 start_date           = '2023-07-23_12:00:00', '2023-07-23_12:00:00',
 end_date             = '2023-07-31_12:00:00', '2023-07-31_12:00:00',
 interval_seconds     = 21600,
 io_form_geogrid      = 2,
```

图 4.3　"Doksuri"个例中 &share 参数设置

通过设置 &geogrid 参数可以定义模拟区域的投影方式以及所有网格的网格距、数量和位置等信息(图 4.4)。WRF 中模拟区域为规则的四边形,一般将模拟区域的中心放置在选取区域的中心位置处。WRF 提供了 4 种常见的投影方式可供选择:极地投影、兰勃特投影、墨卡托投影及等距圆柱投影(图 4.5)。极地投影是指从地球一极发出的多条射线与球面相交,用

```
&geogrid
 parent_id         = 1,    1,
 parent_grid_ratio = 1,    3,
 i_parent_start    = 1,    31,
 j_parent_start    = 1,    31,
 e_we              = 120,  166,
 e_sn              = 90,   139,

 !!!!!!!!!!!!!!!!!!!!!!!!!!!! IMPORTANT NOTE !!!!!!!!!!!!!!!!!!!!!!!!!!!!
 ! The default datasets used to produce the MAXSNOALB and ALBEDO12M
 ! fields have changed in WPS v4.0. These fields are now interpolated
 ! from MODIS-based datasets.
 !
 ! To match the output given by the default namelist.wps in WPS v3.9.1,
 ! the following setting for geog_data_res may be used:
 !
 ! geog_data_res = 'maxsnowalb_ncep+albedo_ncep+default', 'maxsnowalb_ncep+albedo_
 !
 !!!!!!!!!!!!!!!!!!!!!!!!!!!! IMPORTANT NOTE !!!!!!!!!!!!!!!!!!!!!!!!!!!!

 geog_data_res     = 'default','default',

 dx                = 30000,
 dy                = 30000,
 map_proj          = 'mercator',
 ref_lat           = 19.252,
 ref_lon           = 119.988,
 truelat1          = 10.0,
 truelat2          = 30.0,
 stand_lon         = 119.988,
 geog_data_path = '/home/mss/workspace/geog',
```

图 4.4　"Doksuri"个例中 &geogrid 参数设置

一条水平直线切割，水平直线、射线和球面正好在 60°相交。对于纬度大于 60°的区域，射线均能投影到球面上，而小于 60°的位置，射线只能投影到球面以外。因此，60°是极地投影的一个

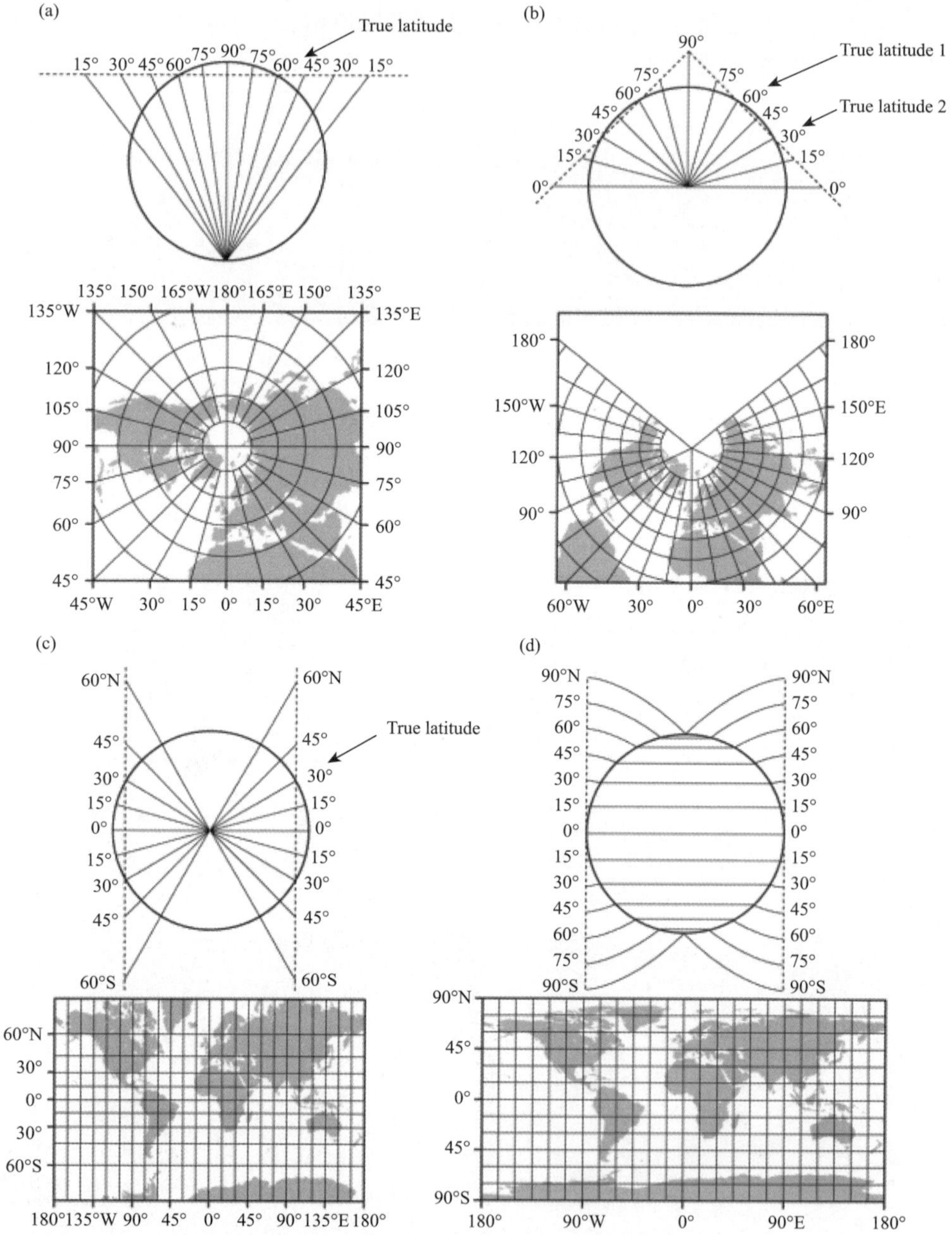

图 4.5　4 种投影方式(图中“True latitude”表示真实纬度)

(a)极地投影；(b)兰勃特投影；(c)墨卡托投影；(d)等距圆柱投影

(https://www2.mmm.ucar.edu/wrf/users/docs/user_guide_v4/v4.2/users_guide_chap3.html)

分割点。当研究区域在 60°及以上的纬度时，选择极地投影。此时，true_lat1 填 60。对于兰勃特投影，可以看到对于纬度在 30°—60°的区域，从球心发出的射线均能投影在球面上，而该区域以外的地方，球心出现的射线均投影在球面以外，会产生很大的变形。因此，30°—60°的研究区域选择兰勃特投影，此时 true_lat1＝30、true_lat2＝60，true_lat2 也可不填。对于墨卡托投影，可以看出 30°S—30°N 的区域可正常投影至球面，因此，研究区域处于低纬度内建议选择墨卡托投影，设置 true_lat1＝30。而全球 ARW 模拟则一般设置为圆柱等距投影，此时 pole_lat＝90，pole_lon＝0。参数 ref_lon 和 ref_lat 则指研究区域的中心位置。在介绍静态地理数据时已经提到，geog_data_res 的设置使用的是角度单位，其与距离的换算大致为 10 m (19 km)、5 m (9 km)、2 m (4 km)、30 s (0.9 km)。在分辨率的选择上，网格的间距应当略大于地理数据的分辨率，如网格间距为 9 km，这里可选择设置为 2 m。

设置完成之后，执行. /geogrid. exe，出现“successful comletion of geogrid”并生成 geogrid 数据文件(如 geo_em. d01. nc 和 geo_em. d02. nc)即为操作成功。

(2)利用 ungrib 模块提取模拟时期的气象场

进行上述操作后，第二步是利用 ungirb. exe 将下载的驱动数据 grib 文件解码并转为中间格式。具体方式为通过链接 Vtable 文件，得到需要解码的 grib 文件格式、变量等相关信息，并对其解码。Vtable 包含 7 或 11 个字段，取决于 Vtable 是用于 grib1 还是 grib2 的数据。该字段分为 3 类：描述 grib 文件的数据如何识别；描述如何通过 ungrib 和 metgrid 程序识别数据的字段；grib Edition 2 的特定字段。Vtable 文件描述了不同来源的气象数据如何读取、如何获取、下载地址和文件大小等多类信息。

可参照表 4.1 对 &ungrib 模块进行相关设置。在 &share 中，与 ungrib 相关的参数有 start_date、end_date 和 interval_seconds。在 &ungrib 中，out_format 用于选择 ungrib 要写入的中间数据的格式。metgrid 程序可以读取 ungrib 支持的任何格式，prefix 参数可以为中间文件指定路径和前缀，在多个 grib 数据源上运行 ungrib. exe 时，可避免中间文件命名重复的问题。在 Doksuri 个例中，&ungrib 参数设置可参照图 4.6。

```
&ungrib
 out_format              = 'WPS',
 prefix                  = 'FILE',
```

图 4.6　“Doksuri”个例中 &ungrib 参数设置

接下来要将 Vtable 文件及模拟时间段内的再分析资料正确地链接到当前文件夹下。在 /WPS/ungrib/Variable_ Tables 文件夹下，WRF 提供了一些 Vtables，如 Vtables. GFS、Vtables. ECMWF 等，可运用下面的命令直接链接：

ln -s ungrib/Varaiables_ Tables/Vtable. GFS Vtable　＃链接 wrf 提供的与 GFS 相关的 Vtable

此外，已经下载完成的再分析资料可通过以下命令进行链接：

./link_grib.csh ~/workspace/data/fnl2023/　#将已经下载好的再分析资料链接过来

链接完成后，即可运行 ungrib 模块：

./ungrib.exe

执行操作后，出现以 FILE 开头的一系列数据即为成功。

(3)利用 metgrid 模块将气象场插值到模拟区域

WPS 运行的最后一步，需要使用 metgrid 模块将由 ungrib 模块提取的气象数据水平插值到由 geogrid 定义的模拟网格中。类似地，可以根据表 4.1 再次编辑 namelist.wps 文件。在 Doksuri 个例中 &metgrid 参数设置可参照图 4.7。

此外，还可通过 opt_output_from_metgrid_path 和 opt_metgrid_tbl_path 参数，指定 metgrid 将插值数据文件写入何处，以及在何处可找到 METGRID.TBL 文件。namelist.wps 文件修改成功后，可执行./metgrib.exe，运行完成后产生以 met_em.d01 开头的一系列文件，在后续过程中可链接到 WRF 中。至此，WPS 运行结束。

```
&metgrid
 fg_name              = 'FILE',
 io_form_metgrid      = 2,
```

图 4.7　"Doksuri"个例中 &metgrid 参数设置

4.4.4　嵌套网格设置

进行 WRF 模拟时，经常会遇到需要嵌套的情形。这主要是因为 WRF 模式使用的是等经纬度网格，当需要局地加密时，若模拟全域均使用高分辨率网格，则会造成大量计算资源的浪费，因此，进行嵌套模拟是必要的。

常见的嵌套方式一般分为双向嵌套和单向嵌套。双向嵌套是指父域为子域提供边界条件，子域的计算结果反馈回父域。单向嵌套是指父域为子域提供侧边界条件，但子域的计算结果不反馈回父域。根据输入文件的数量，双向嵌套有两种方式。当只有一个输入文件时，嵌套模拟的 WPS 设置与单个模拟区域的流程是一致的，嵌套的子域不需要单独准备初始场数据，模拟需要的静态地理数据及气象资料从父域中插值得到。需要注意的是，由于无法受益于高精度的静态地理数据，此种方法的模拟结果质量可能会受影响。对于两个输入文件的双向嵌套方式，根据子域的气象资料来自自身还是父域可分为两种用法：一是子域有单独的气象场和静态数据，都来自 wrfinput_d02；二是子域使用自身的来自 wrfinput_d02 的高分辨率静态数据，气象资料由父域插值得到，只有子域的启动时间较父域晚时才推荐此方式。

具体操作时，在 namelist.wps 中与嵌套网格设置有关的参数如图 4.8 所示，这里需要注意，格点数＝网格数＋1。也可使用 WRF Domain Wizard 辅助嵌套网格的设置。

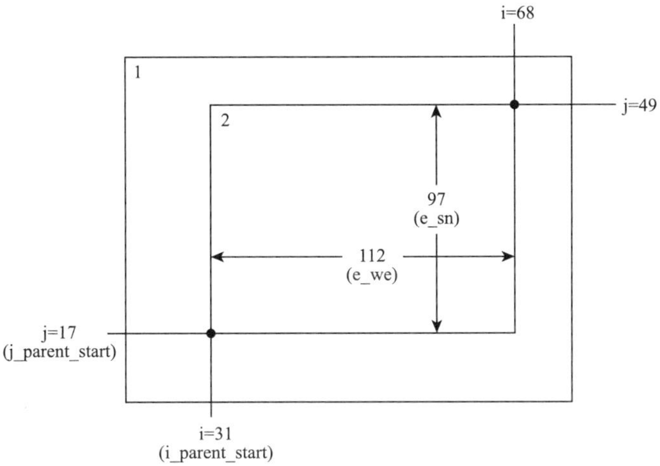

图 4.8　geogrid 模块中与嵌套有关的参数

4.4.5　绘制区域图形

根据上述内容，可以通过调整 e_we、e_sn、dx、dy、ref_lat、ref_lon 6 个参数来确定模拟区域：由 ref_lat、ref_lon 确定区域中间基准点的经纬度，再通过 e_we、e_sn、dx、dy 调整网格数和网格间距，进而设定区域。这里介绍 WRF Domain Wizard 的图形用户界面，可用来帮助确定模拟区域，辅助设置以上 6 个参数（https://esrl.noaa.gov/gsd/wrfportal/DomainWizard.html）。

首先进入 wdw 文件夹目录下，运行 ./run_DomainWizard 打开 WRFDW（图 4.9），出现窗口如图 4.10 所示，图中所示信息为虚拟机名称、WPS 所在目录、WPS 所需静态地理数据所在位置及 WRFDW 存放位置。点击 OK 进入下个界面。

```
[mss@localhost wdw]$ pwd
/home/mss/workspace/wdw
[mss@localhost wdw]$ ./run_DomainWizard
INFO: Mac or Linux computer detected. Setting Mac/Linux fonts
INFO: JVM memory=630194176
INFO: WRF Domain Wizard version 2.84
```

图 4.9　启动 WRFDW 的位置与命令

如图 4.11 所示，该界面可以选择创建新区域，或是选择对已有区域进行操作，这里以新区域为例。点击 Next。将区域命名之后点击 Next，来到界面如图 4.12 所示进行参数设置。在 Domain 标签中可进行地图大小、地图中心、投影方式等设置，参数说明如表 4.2 所示。设置完成后点击 Update Map，即可生成该区域的图形；如果想继续进行区域嵌套的设置，可点击 Nests 标签卡中的 new 进行设置修改“Parent ID”“Grid Spacing ratio to Parent”等信息（图

4.13)，可通过鼠标拖拽移动方框边界确定嵌套区域范围。设置完成后点击 Next。

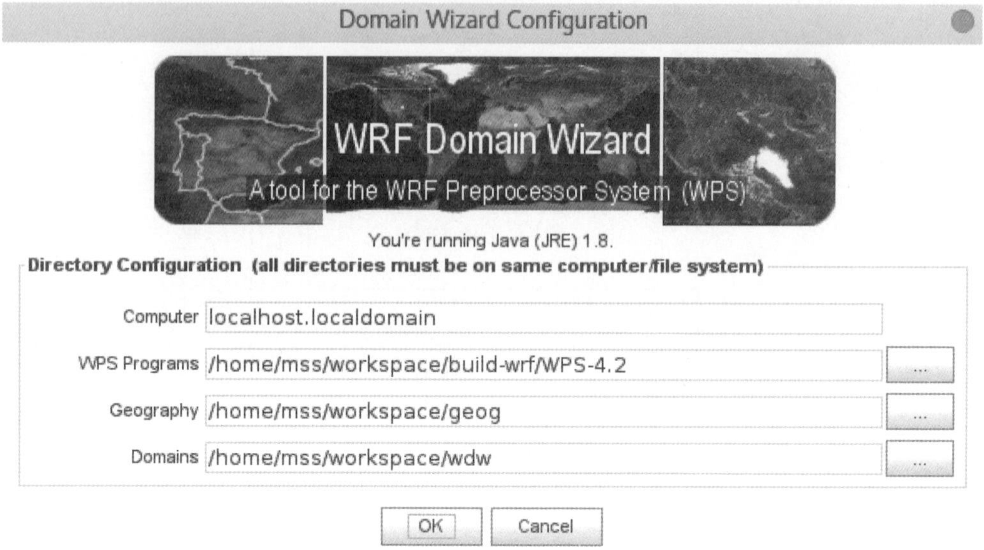

图 4.10 启动 WRFDW 的界面

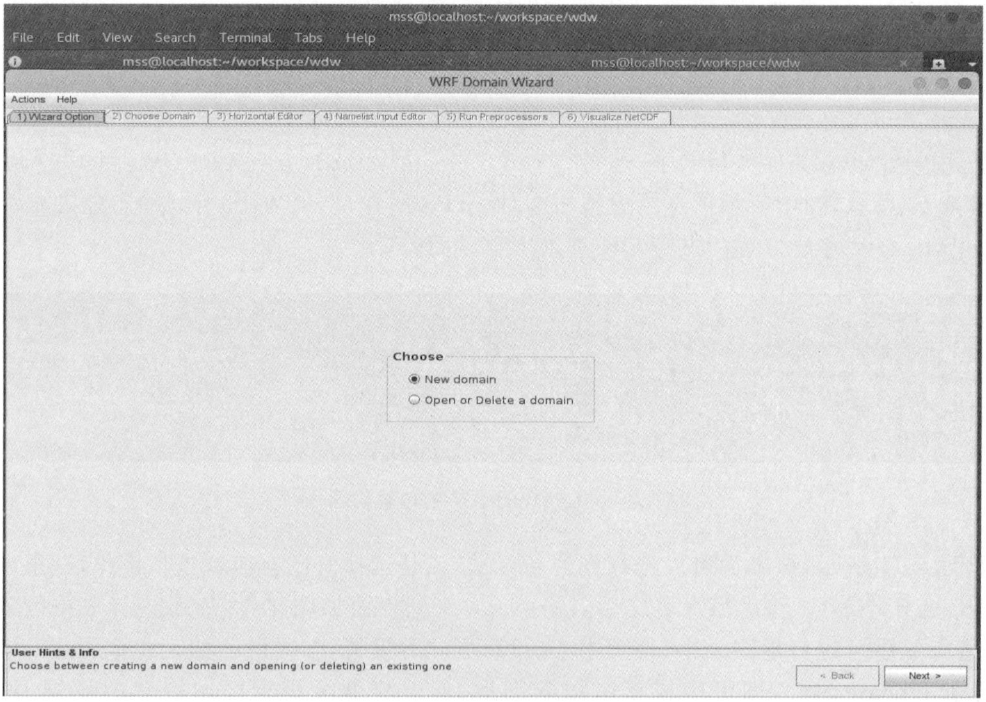

图 4.11 WRFDW 设置步骤 1——区域选择

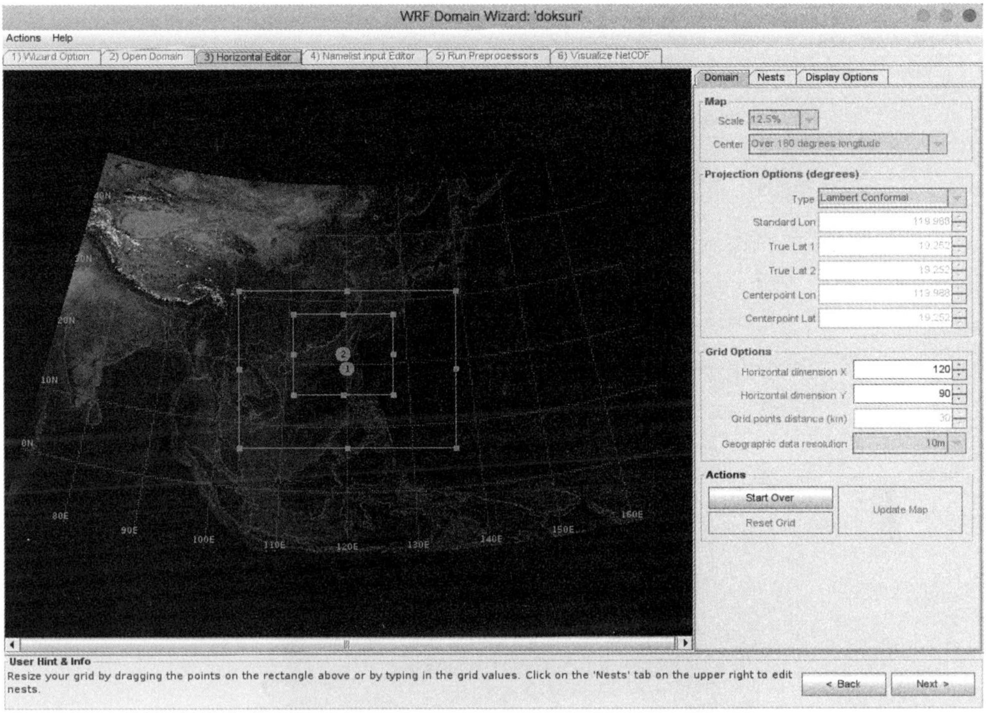

图 4.12 WRFDW 设置步骤 2——区域设置

表 4.2 WRF Domain Wizard 中 Domian 标签卡参数设置

	指令	作用
Map	Scale	改变地图大小
	Center	
Projection Options	Type	更改投影方式
	StandardLon	对应 stand_lon
	CenterpointLon	对应 ref_lon
	CenterpointLat	对应 ref_lat
Grid options	Horizontal dimension X	纬向网格数设置
	Horizontal dimension Y	经向网格数设置
	Grid points distance	网格间距设置

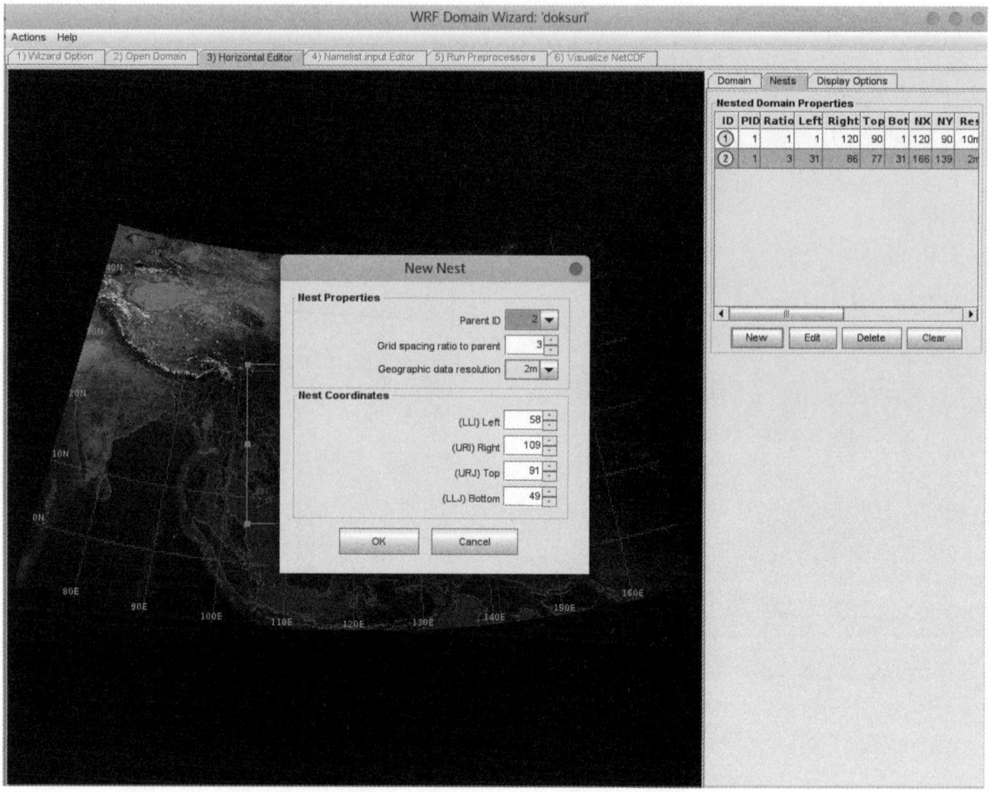

图 4.13　WRFDW 设置步骤 3——嵌套设置

然后，可根据 WRFDW 提供的 e_we、e_sn、dx、dy、grid_id、parent_id、i_parent_start、j_parent_start、parent_grid_ratio 等参数分别在 namelist.wps 和 namelist.input 中进行设置，如果需要也可以通过 domain wizard 来控制 WPS 中 3 个模块的运行。

第 5 章　WRF 模式主模块结构及其运行

5.1　WRF 模式主模块简介

WRF 模式的安装和前处理过程完成之后，下一步就是模式主模块部分的处理和运行。本章实习内容主要包括四个部分：认识 WRF 模式主模块的结构、输入数据的准备、namelist.input 中的参数介绍及设置、WRF 模式主模块的运行。

WRF 源代码压缩文件成功解压缩之后，会创建一个"WRF/"目录，该目录下包含以下文件或目录：

Makefile：顶层 Makefile 文件；

README：包含 WRF/ARW 模式内核的基本信息；

doc/：有关不同模式功能模块的介绍信息；

Registry/：WRF 注册表文件所在目录；

arch/：模式编译选项所在目录；

clean：清除已创建文件和可执行文件（程序）的脚本；

compile：编译 WRF 代码的脚本；

configure：生成用于编译的配置文件的脚本；

chem/：WRF 化学模块，由 NOAA/GSD 支持；

dyn_em/：ARW 版本中，模式动力学和数值计算模块所在目录；

dyn_nmm/：NMM 版本中，模式动力学和数值计算模块所在目录，由 DTC 支持；

external/：外部工具包（如 I/O、MPI 工具包）所在目录；

frame/：与 WRF 模式框架有关的模块所在目录；

inc/：include 文件所在目录；

main/：模式编译后生成的主程序（如 wrf.F）及所有可执行文件所在目录；

phys/：模式物理模块所在目录；

run/：可在此目录下运行 WRF；

share/：WRF 中间层模块和 I/O 模块所在目录；

test/：各个试验案例子目录所在目录，用于运行 WRF。例如，可在此目录下的"em_real/"目录中运行真实大气试验；

tools/：开发者工具所在目录。

在运行 WRF 之前，需确保工作目录已切换到“WRF/”，且运行模式所需要的几个可执行文件已存放在 WRF 的工作目录下。相关可执行文件的用途如下：

ideal. exe：创建理想大气试验初始条件的可执行文件；

real. exe：创建真实大气试验初始条件/边界条件的可执行文件；

wrf. exe：模式积分所需的可执行文件；

ndown. exe：为单独运行区域执行单向嵌套的可执行文件；

tc. exe：用于模拟热带气旋的可执行文件。

WRF 模式模拟试验分为两类，一类是理想化模拟试验，采用理想化的大气边界条件，地形可有可无，物理过程的设定相对简单，模拟试验中可以不包含辐射传输、地表通量或摩擦效应；一类是真实大气模拟试验，采用真实的大气边界条件和地形，物理过程的设定相对复杂，旨在通过模拟试验来重现或预报真实的天气过程。对于这两类模拟，在调用 wrf. exe 之前，均需执行初始化步骤，用于读取从 WPS 中生成的文件中的数据、对数据进行垂向插值、创建模式模拟所需的初始条件和边界条件等。对于理想化试验和真实大气试验，分别通过调用 ideal. exe 和 real. exe 进行初始化。

概括地说，WRF 模式主模块的运行步骤包括：①输入数据的准备；②namelist. input 文件中的参数设置；③模式初始化，包括气象数据的垂向插值和初始条件、边界条件的生成；④模式主模块的运行。其中，namelist. input 的参数设置包括对模式网格距、区域范围、物理参数化方案选择、积分时段、时间步长，以及其他重要参数的设置。本次实习将以真实大气模拟试验为例，详细介绍 WRF 模式主模块的结构、namelist. input 文件中各参数的含义及设置方法，以及运行模式主模块的具体步骤。

5.2 实习目的

(1)熟悉 Linux 系统基本操作命令。

(2)掌握 namelist. input 中的参数设置方法。

(3)熟悉 WRF 模式物理过程参数化方案的选择。

(4)掌握 WRF 模式主模块的运行步骤。

(5)掌握模式初边界条件的生成方法。

5.3 实习内容

在成功运行 WPS 前处理模块的基础之上，根据具体的试验要求，包括研究区域的划定、模拟时段的选择以及初始条件和边界条件等，通过合理设置 namelist. input 中的参数，运行 WRF 模式主模块，获得正确的模式输出结果，为后续的模式后处理及结果分析做好准备。

5.4　实习步骤

5.4.1　输入数据准备

如果运行的是真实大气试验，在运行 WRF 之前，要确保 WPS 前处理模块完成后已成功生成多个时次插值好的气象数据文件，文件名如图 5.1 所示。

```
[mss@localhost WPS-4.2]$ ll met_em*
-rw-rw-r--. 1 mss mss  6653958 Nov 15 11:15 met_em.d01.2023-07-23_12:00:00.nc
-rw-rw-r--. 1 mss mss  6652946 Nov 15 11:15 met_em.d01.2023-07-23_18:00:00.nc
-rw-rw-r--. 1 mss mss  6652465 Nov 15 11:15 met_em.d01.2023-07-24_00:00:00.nc
-rw-rw-r--. 1 mss mss  6648108 Nov 15 11:15 met_em.d01.2023-07-24_06:00:00.nc
-rw-rw-r--. 1 mss mss  6650182 Nov 15 11:15 met_em.d01.2023-07-24_12:00:00.nc
-rw-rw-r--. 1 mss mss  6655556 Nov 15 11:15 met_em.d01.2023-07-24_18:00:00.nc
```

图 5.1　插值后的气象场数据文件

下一步是为上述文件创建链接，从“WPS/”目录链接到当前工作目录下。创建文件链接的命令如图 5.2 所示(目录名需根据具体情况进行修改)。

```
[mss@localhost doksuri]$ ln -s ../../build-wrf/WPS-4.2/met_em.d0* ./
```

图 5.2　创建气象场数据文件链接的命令

5.4.2　namelist. input 中的参数介绍及设置

namelist. input 文件中的信息共包含 8 个部分。需要特别注意的是，在运行 WRF 之前，要确保针对特定情况编辑了 namelist. input 文件中“&time_control”和“&domains”这两个部分的参数，使其与 WPS 模块中 namelist. wps 的参数相匹配。若某个参数与嵌套网格的数目有关，则在变量之后用(max_dom)来表示。更多参数细节和参数的默认值设置可参考“WRF/”目录下的“Registry/Registry. EM”和“run/README. namelist”这两个文件。

下面给出 namelist. input 文件中各个模块主要参数的名称、含义描述和设置方法，用户可在 README. namelist 文件中查看完整的参数介绍。namelist. input 文件中包含大量的参数，使用者可以在保证正常运行的前提下根据自身需求设定其中的参数，但需注意的是，某些参数的设置要与实际天气过程的时空特征和物理实质相结合。

(1) &time_control

这部分参数与模式积分时段、时间步长、模式输出结果的频率等有关，仅用于由真实大气试验方案的前处理程序产生的输入数据。当输入数据来自理想大气试验方案时，这部分参数将会被忽略。各参数的名称、输入选项和描述如表 5.1 所示。

表 5.1　namelist. input 中的模拟时间(&time_control)参数信息

变量名	输入选项	描述
run_days	6	用来设置模拟的总时长,分别以天数、小时数、分钟数、秒数为单位来统计。如果模式积分时间小于 1 d,例如 12 h 的模拟,可设置 run_days=0, run_hours=12;如果模式积分时间大于 1 d,则可同时设置 run_days 和 run_hours,也可设置 run_hours 一个参数。如模式运行的总时间长度为 36 h,则可设置 run_days=1,且 run_hours=12,或者设置 run_days=0,且 run_hours=36
run_hours	0	
run_minutes	0	
run_seconds	0	
start_year (max_dom)	2023	模式运行的起始和结束的具体时刻,以年份、月份、小时、分钟、秒为单位。模式的积分时段可以用 run_days、run_hours 等来控制,也可以用 end_year、end_month 等来控制。需要注意的是,在实际使用时,run_days 等参数的优先级高于 end_year 等参数。对于大多数真实大气试验方案来说,起止时间的分和秒都应该设为 0。与 namelist. wps 的设置不同,在 namelist. input 中,所有网格必须标明真实的模拟起始和结束时间,而不像前者那样把嵌套网格的起始和结束时间设成相同数值
start_month (max_dom)	07	
start_day (max_dom)	23	
start_hour (max_dom)	12	
start_minute (max_dom)	00	
start_second (max_dom)	00	
end_year (max_dom)	2023	
end_month (max_dom)	07	
end_day (max_dom)	29	
end_hour (max_dom)	12	
end_minute (max_dom)	00	
end_second (max_dom)	00	
interval_seconds	21600	用于真实大气模拟试验,单位:秒。指前处理程序的两次分析时间之间的间隔,也即模式的实时输入数据的时间间隔,一般为包含边界条件的输入文件的时间间隔。与 namelist. wps 一致
input_from_file (max_dom)	. true .	用于设置运行 real. exe 后是否输出供 wrf. exe 调用的嵌套网格的初始场文件(文件名为 wrfinput_d0N,其中包含地形和土地利用信息),设为 . true . 表示输出,设为 . false . 表示不输出。此参数只对嵌套网格生效,对于第一列网格,无论设为 . true . 或 . false . ,均会输出 wrfinput_d01(初始场文件)和 wrfbdy_d01(边界条件文件)
history_interval (max_dom)	180	指定模式结果输出的时间间隔,单位:分钟
frames_per_outfile (max_dom)	1000	设置每个输出文件中保存多少个输出时刻的数据。可通过将该参数设置为较小的数值,将模式结果分成多个文件保存,以减小单个文件的大小。每个输出文件中最多可包含 1000 个输出时刻的数据
restart	. false .	设置模式运行是否为断点重启方式。当模式的积分时间较长时,可采取分段运行的方式,此时可设置 restart=. true. ,则运行 wrf. exe 后会生成名为 wrfrst_d0N * 的断点重启文件,下次再运行 wrf. exe 时,则不需再从初始时刻运行,而是使用该文件从断点时刻继续向下运行。需注意,当第一次运行 wrf. exe 时,不需要断点重启,该参数应设为 . false .

续表

变量名	输入选项	描述
restart_interval	5000	设置模式断点重启输出的时间间隔，单位：分钟。仅当 restart=. true . 时起作用。该参数设置的时间间隔不能超过 run_ * 设置的模式积分总时长
io_form_history	2	这 4 个参数分别设置模式输出结果、断点重启输出结果、初始场文件以及模式边界条件文件的输出格式，通常设置为 2，表示文件格式为 netCDF 格式
io_form_restart	2	
io_form_input	2	
io_form_boundary	2	
debug_level	0	指定模式运行时的调试信息输出等级。取值可为 0、50、100、200、300，数值越大，调试信息输出就越多，默认值为 0

(2)&domains

这部分参数设置模式积分区域大小、网格距、嵌套方案等。各参数的名称、输入选项和描述如表 5.2 所示。

表 5.2　namelist. input 中的模拟区域(&domains)参数信息

变量名	输入选项	描述	备注
time_step	180	整数型积分时间步长，单位：秒。建议设置为 dx 的 6 倍，如 dx=30 km 时，此参数设为 180	
time_step_fract_num	0	实数型积分时间步长中的分子和分母部分。例如，积分时间步长为 60.3 秒，则 time_step=60，time_step_fract_num=3，time_step_fract_den=10	
time_step_fract_den	1		
max_dom	2	设定模拟区域的个数	
s_we (max_dom)	1	x 方向(西-东方向)的起始格点值，通常设为 1，不可更改	
e_we (max_dom)	120	x 方向(西-东方向)的终止格点值	
s_sn (max_dom)	1	y 方向(南-北方向)的起始格点值，通常设为 1，不可更改	
e_sn (max_dom)	90	y 方向(南-北方向)的终止格点值	
s_vert (max_dom)	1	z 方向(垂向)的起始格点值，通常设为 1，不可更改	
e_vert (max_dom)	41	z 方向(垂向)的终止格点值。注意：所有嵌套区域的垂向维度必须保持一致	
dx (max_dom)	30000	设置 x 方向的网格距，单位：米。在真实大气模拟试验中，此参数必须与输入数据中的 x 方向网格距一致	
dy (max_dom)	30000	设置 y 方向的网格距	
ztop (max_dom)	19000	高度，单位：米。用来定义理想试验中的模式层顶	
grid_id (max_dom)	1	区域标识(编号)	
parent_id (max_dom)	0	嵌套区域的上一级区域的标识(编号)	
i_parent_start (max_dom)	1	嵌套区域左下角格点在上一级区域中 x 方向的起始位置	
j_parent_start (max_dom)	1	嵌套区域左下角格点在上一级区域中 y 方向的起始位置	
parent_grid_ratio (max_dom)	1	上一级区域与嵌套区域的水平网格尺寸比例。在真实大气试验方案中，该比例建议设为奇数，如 3∶1 或 5∶1；在理想试验中，若 feedback=0，则该比例可设为偶数	

续表

变量名	输入选项	描述	备注
parent_time_step_ratio (max_dom)	1	上一级区域与嵌套区域的时间步长比例	
feedback	1	嵌套区域是否对上一级区域有反馈作用。设为 0 时，表示无反馈。注意，仅当上一级区域与嵌套区域的网格尺寸比例为奇数时，反馈作用才有效	
smooth_option	0	嵌套区域向上一级区域反馈的平滑选项，仅当 feedback＝1 时才有效。设为 0 时，表示不平滑；设为 1 时，表示 1-2-1 平滑；设为 2 时，表示 smoothing-desmoothing	

num_metgrid_levels	34	输入数据（或 WPS 输出数据）中的大气垂直分层数，可通过输入命令“ncdump -h”查看某个 met_em * 文件中的大气垂直分层数。例如，ncdump -h met_em. d01. 2023-07-23_12：00：00. nc，在 dimension 中可查看分层数：
		`dimensions:`
		`Time = UNLIMITED ; // (1 currently)`
		`DateStrLen = 19 ;`
		`west_east = 119 ;`
		`south_north = 89 ;`
		`num_metgrid_levels = 34 ;`
		`num_st_layers = 4 ;`
		`num_sm_layers = 4 ;`
		`south_north_stag = 90 ;`
		`west_east_stag = 120 ;`
		`z-dimension0012 = 12 ;`
		`z-dimension0016 = 16 ;`
		`z-dimension0021 = 21 ;`	

num_metgrid_soil_levels	4	WPS 输出结果中的土壤分层数，可通过输入命令“ncdump -h”查看某个 met_em * 文件中的土壤分层	与 real. exe 有关的选项
eta_levels	0～1	设置 eta 分层，大小为 0～1，eta＝（P-Ptop）/（Pbot-Ptop），P 代表大气压。一般的模式研究中，当涉及下垫面对于模拟的影响时，就会使用到 eta_levels。不同地区的下垫面不同，地面处的海拔高度也不同，所以按照位势高度来分层，对于模拟结果会有较大影响，若按照 eta 来分层，则地面处的 eta 值为 1，顶层大气 eta 值为 0，不受下垫面海拔高度的影响。在 WRF 中，README. namelist 提供了两种默认 eta_levels 设置，分别为 28 层和 35 层。在进行模拟结果分析时，需要知道某个 eta 坐标对应的位势高度，可通过以下公式进行转换：gmp＝（PH＋PHB）/9. 81－HGT，其中，PH、PHB 和 HGT 均为模式结果中的已有变量	
max_dz	1000	模式允许的最大垂直层厚度，单位：m	

续表

变量名	输入选项	描述	备注
interp_method_type	1	双线性插值	与水平插值有关的选项
	2	Smolarkiewicz "SINT"插值(默认插值方法)	
	3	最近邻插值法(仅用于测试)	
	4	重叠二次插值法	
force_sfc_in_vinterp	1	默认值,在做垂向插值时将表层作为模式下边界	与垂向插值有关的选项
	0	采用传统的 trapping 插值	
interp_theta	. false .	对温度做垂向插值(可降低与输入值之间的偏差)	
	. true .	对位温做垂向插值	
p_top_requested	5000	WRF 模式垂直方向采用地形伴随静态气压坐标,该参数表示模式顶层的大气压值,单位:Pa,默认值为 5000 Pa (50 hPa)。注意,该压力层必须在 WPS 数据中可用。如果模式顶层为 50 hPa,则模式层数最少设置为 30 层;如果模式顶层为 1 hPa,则模式层数最少设置为 60 层	

(3)&physics

由于数值模式的分辨率有限,对于云微物理过程、积云对流、边界层、长短波辐射和陆面过程等物理过程,模式无法准确地识别和描述,属于“次网格尺度物理过程”,此时需要采用物理过程参数化方案。这些物理参数化方案一般缺乏严格的理论支撑和观测数据的支持,存在很大的不确定性,是模式误差的重要来源,对模式的模拟效果具有重要影响,因此,需要慎重选取。WRF 模式同样使用物理过程参数化方案来描述次网格尺度过程,每一种参数化方案都提供了众多选项。namelist. input 中的这部分参数即是用来设置模拟试验中使用的物理过程参数化方案。不同的嵌套网格可以使用不同的方案,但需注意各个方案的使用条件和范围,某些方案之间可能是互斥的。

对于特定的研究对象或天气过程,可首先确定对模拟结果比较重要的物理过程参数化方案,再对其他参数化方案进行合理选择,通过对比验证,最终选取能获得最优模拟结果的参数化方案的组合。例如,对于台风的模拟,积云和微物理过程参数化方案比较重要,需优先确定这两个方案,其他方案选择默认即可,这样便可大大降低工作量,又能获得较理想的模拟结果。与模式物理过程参数化相关的这部分参数的名称、输入选项和描述如表 5.3 所示。

表 5.3 namelist. input 中的物理参数化方案(&physics)参数信息

变量名	输入选项	描述
chem_opt (max_dom)	0 或 1	设置是否使用 WRF 化学模块(WRF-Chem)
mp_physics (max_dom) 该参数设置云微物理过程参数化方案。注意:所有区域必须使用同样数值	0	不采用微物理过程参数化方案
	1	Kessler 方案
	2	Purdue Lin 方案

续表

变量名	输入选项	描述
mp_physics (max_dom) 该参数设置云微物理过程参数化方案。注意:所有区域必须使用同样数值	3	WSM 3 类简单冰方案(WSM 3-class simple ice scheme)。class 表示方案中包含多少种水物质过程
	4	WSM 5 类方案
	5	Ferrier(new Eta)微物理方案
	6	WSM 6 类霰/冰雹方案
	7	Goddard 4 类冰方案
	8	Thompson 方案
	9	Milbrandt-Yau 2 类方案
	10	Morrison 2 类方案
	11	CAM5. 1 5 类方案
	13	SBU_YLin 5 类方案
	14	WRF 双参数,5 类方案(WRF double moment, 5-class scheme)。double moment 表示双参数,single moment 表示单参数。按预报变量的不同,参数化方案分为单参数方案和双参数方案,单参数方案只预报水凝物混合比,双参数方案除混合比外还预报水凝物的粒子数浓度
	15	高分辨率 Ferrier 微物理方案,伴随平流
	16	WRF 双参数,6 类方案
	17	NSSL 双参数,4 类冰方案,结合定常的背景 CCN
	18	NSSL 双参数,4 类冰方案,结合预测的 CCN(更适用于理想大气试验)
	19	NSSL 单参数,6 类方案
	21	NSSL-LFO 单参数,6 类方案(雪/霰/冰雹/雨)
	22	NSSL 双参数,3 类冰方案(无冰雹)
	24	WSM7 方案,与 WSM6 一致,但有一类冰雹
	26	WDM7 方案,与 WDM6 一致,但有一类冰雹
	28	包含气溶胶的 Thompson 方案。有两个气候态气溶胶输入选项:use_aero_icbs=. F .(使用常数),use_zero_icbc=. T .(使用 WPS 输入量)
	30	HUJI 谱方案,fast 版本
	32	HUJI 谱方案,full 版本
	40	Morrison 双参数方案,结合 CESM 气溶胶。注意,此方案必须与 MSKF 积云方案配合使用
	50	P3 1 类冰方案,单参数云水
	51	P3 1 类冰方案,双参数云水
	52	P3 2 类冰方案,双参数云水
	53	P3 1 类冰方案,三参数冰+双参数云水
	55	Jensen ISHMAEL 方案
	56	NTU 多参数方案
	95	Ferrier(old Eta),业务化 NAM(WRM NMM)方案

续表

变量名	输入选项	描述
do_radar_ref	1	允许使用微物理方案中的特定参数计算雷达反射率，当前适用于 mp_physics=2,4,6,7,8,10,14,16
ra_lw_physics (max_dom) 长波辐射参数化方案。所有区域必须一致	0	不采用长波辐射方案
	1	RRTM 方案
	3	CAM 方案
	4	RRTMG 方案
	5	Goddard 方案
	7	FLG (UCLA)方案
	24	fast RRTMG 方案
	31	地球 Held-Suarez 强迫
	99	GFDL (Eta)长波方案(semi-supported)
ra_sw_physics (max_dom) 短波辐射参数化方案。所有区域必须一致	0	不采用短波辐射方案
	1	Dudhia 方案(必须使用 ptop≥50 hPa)
	2	(old) Goddard 短波方案
	3	CAM 方案
	4	RRTMG 方案
	5	Goddard 方案
	7	FLG (UCLA)方案
	24	fast RRTMG 方案
	99	GFDL (Eta)短波方案(semi-supported)
radt (max_dom)	30	调用辐射物理方案的时间间隔，单位：分钟。所有区域必须一致。建议设定为水平分辨率的 1 倍，如 dx=10 km，则取 10 分钟
sf_sfclay_physics (max_dom) 近地面层方案。所有区域必须一致	0	不采用近地面层方案
	1	修正后的 MM5 Monin-Obukhov 方案
	2	Monin-Obukhov (Janjic Eta)方案
	4	QNSE 方案
	5	MYNN 方案
	7	Pleim-Xiu (ARW only)方案
	10	TEMF (ARW only)方案
	91	Old MM5 方案

续表

变量名	输入选项	描述
sf_surface_physics (max_dom) 陆面方案。所有区域必须一致	0	无表层温度预测
	1	热力学扩散方案
	2	统一的 Noah 陆面模式方案
	3	RUC 陆面模式方案
	4	Noah-MP 陆面模式方案
	5	CLM4 方案
	7	Pleim-Xiu (ARW only)方案
	8	SSiB (ARW only)方案
bl_pbl_physics (max_dom) 边界层参数化方案。所有区域(使用边界层方案的区域)必须一致。当 dx＝100 m～1 km 时,对大部分模拟需使用该参数化方案;当 dx＝30 m 时,分辨率为大涡模拟所需分辨率,不需要行星边界层参数化方案	0	不采用边界层方案
	1	YSU 方案;必须令 sf_sfclay_physics＝1
	2	Mellor-Yamada-Janjic (Eta) TKE 方案;必须令 sf_sfclay_physics＝2
	4	QNSE-EDMF 方案;必须令 sf_sfclay_physics＝4
	5	MYNN 2.5 层 TKE 方案;必须令 sf_sfclay_physics＝1,2 或 5
	6	MYNN 3 层 TKE 方案;必须令 sf_sfclay_physics＝5
	7	ACM2 (Pleim) 方案 (ARW only); 必须令 sf_sfclay_physics＝1 或 7
	8	Bougeault and Lacarrere (BouLac) TKE 方案;必须令 sf_sfclay_physics＝1 或 2
	9	Bretherton-Park/UW TKE 方案;必须令 sf_sfclay_physics＝1 或 2
	10	TEMF 方案 (ARW only);必须令 sf_sfclay_physics＝1 或 2
	11	Shin-Hong PBL 方案
	12	GBM TKE-type 方案(ARW only);必须令 sf_sfclay_physics＝1
	16	EEPS: TKE＋TKE 耗散率 (epsilon)方案;必须令 sf_sfclay_physics＝1,91,2,5
bldt (max_dom)	0	设定调用边界层参数化方案的时间间隔,单位:分钟,默认值为 0,表示每一步都调用边界层参数化方案
cu_physics (max_dom) 设定积云对流参数化方案。所有区域(使用积云参数化方案的区域)必须一致。需注意的是,通常情况下,当 dx＞10 km 时,需要使用积云参数化方案;当 5 km＜dx＜10 km 时,是否使用积云参数化方案仍没有共识,可使用 GF、MSKF 等尺度自适应的积云方案;当 dx≤3 km 时,模式分辨率较高,可分辨积云,不需要使用参数化方案	0	不采用积云参数化方案
	1	Kain-Fritsch (new Eta)方案
	2	Betts-Miller-Janjic 方案
	3	Grell-Freitas 集合方案
	4	简化的 Arakawa-Schubert (SAS)方案
	5	New Grell (G3)方案
	6	Tiedtke (ARW only)方案
	7	Zhang-McFarlane 方案
	10	修正后的 Kain-Fritsch 方案
	11	多尺度 Kain-Fritsch 方案
cudt (max_dom)	5	设定积云参数化方案的调用时间间隔,单位:分钟,通常设为 0,表示每一步都调用积云参数化方案,但若采用 Kain-Fritsch 方案,则可设为 5

续表

变量名	输入选项	描述
isfflx	1	在选用扰动边界层和陆面物理过程时，设置是否考虑地面热量和水汽通量，默认值为 1。仅在 sf_sfclay_physics=1，5，7，11 时有效 1：考虑地面通量 0：不考虑地面通量
ifsnow	0	设置是否考虑积雪效应。仅在 sf_surface_physics = 1 时有效 1：考虑积雪效应 0：不考虑积雪效应
icloud	1	设置辐射光学厚度时是否考虑云的影响，默认值为 1。仅当 ra_sw_physics = 1，4 和 ra_lw_physics = 1，4 时有效 1：考虑云的影响 0：不考虑云的影响
surface_input_source 设置土地利用和土壤类别数据的来源	1	来自“WPS/geogrid”，但主要的类别由 real 重新计算
	2	来自另外的模式输出的 grib 数据
	3	默认值，来自“WPS/geogrid”
num_soil_layers 设置陆面模式中的土壤层数，需在运行 real. exe 之前设置	5	默认值，热力学耗散方案(temp only)
	4	Noah 陆面模式
	6 或 9	RUC 陆面模式
	10	CLM4 陆面模式
	2	Pleim-Xu 陆面模式
	3	SSiB 陆面模式
num_land_cat 设置输入数据中的陆面类型数量	24	默认值，USGS
	20	MODIS
	28	如果包含湖泊类型，则用 USGS
	21	默认值，如果包含湖泊类型，则用 MODIS
	40	NLCD2006(North America only)
sf_urban_physics (max_dom) 城市冠层模式(in Noah LSM only)。所有区域必须一致	0	关闭
	1	单层，UCM
	2	多层，Building Environment Parameterization (BEP) 机制，仅在结合 MYJ、BouLac 与 YSU PBL 使用时才有效
	3	多层，Building Environment Model (BEM) 机制，仅在结合 MYJ、BouLac 与 YSU PBL 使用时才有效
maxiens	1	默认值为 1，仅用于积云参数化方案中的 Grell-Devenyi 集合方案
maxens	3	默认值为 3，仅用于积云参数化方案中的 Grell-Devenyi 集合方案
maxens2	3	默认值为 3，仅用于积云参数化方案中的 Grell-Devenyi 集合方案
maxens3	16	默认值为 16，仅用于积云参数化方案中的 Grell-Devenyi 集合方案
ensdim	144	默认值为 144，仅用于积云参数化方案中的 Grell-Devenyi 集合方案

(4) &dynamics

这部分参数涉及模式中的扩散、衰减、平流过程。各参数的名称、输入选项和描述如表 5.4 所示。

表 5.4 namelist. input 中的动力学过程(&dynamics)参数信息

变量名	输入选项	描述
w_damping	0	垂直速度阻尼标志选项，默认值为 0。根据官网推荐，为了保持模式的稳定性，在实时或业务运行时通常打开，选项如下：0 表示无阻尼作用，1 表示有阻尼作用
diff_opt 湍流和混合选项。对于大的斜坡地形，可设置 diff_opt=2 以增强模式稳定性	0	无湍流或者显式空间数值滤波(忽略 km_opt)
	1	默认值。旧扩散方案，计算坐标平面二阶扩散项。若 PBL 选项不可用，采用 kvdif 选项作为垂直扩散系数。通常取 km_opt=1 或 4(真实大气方案推荐取 1
	2	新扩散方案。评估物理空间中的混合项(应力形式)。用 km_opt 指定湍流参数化
km_opt 涡旋系数选项	1	默认值。常数 K 由水平扩散(khdif)和垂直扩散(kvdif)决定
	2	1.5 阶 TKE 闭合方案(3D)。当 $dx>2$ km 时不推荐
	3	Smagorinsky 1 阶闭合方案(3D)
	4	水平 Smagorinsky 1 阶闭合方案
	5	3D TKE LES/PBL 方案。必须令 diff_opt=2，bl_pbl_physics=0。仅在 sf_sfclay_physics =1，5，91 时有效
diff_6th_opt (max_dom) 6 阶数值扩散选项	0	无 6 阶数值扩散
	1	6 阶数值扩散
	2	6 阶数值扩散，但抑制上坡扩散(up-gradient diffusion)
diff_6th_factor (max_dom)	0.12	6 阶数值扩散无量纲速率
base_temp	290	基准气温(real only)
damp_opt 顶层阻尼选项	0	默认值。无阻尼作用
	1	有扩散阻尼作用，dampcoef 的无量纲量为 0.01～0.1(real only)
	2	Rayleigh 阻尼，dampcoef 为时间尺度的倒数，即 1/s
	3	w-Rayleigh 阻尼，dampcoef 为时间尺度的倒数，即 1/s(real only)
zdamp (max_dom)	5000	模式层顶的阻尼深度，单位：m
dampcoef (max_dom)	0.2	抽吸系数
khdif (max_dom)	0.	水平扩散常数(m^2/s)
kvdif (max_dom)	0.	垂向扩散常数(m^2/s)
non_hydrostatic	.true.	是否在静力平衡假设下运行模式

续表

变量名	输入选项	描述
moist_adv_opt (max_dom) 水汽平流选项，设置正定或单调平流，用于消除对于水汽的过高/过低预测	0	简单方案，无边界或滤波器的平流
	1	默认值。正定平流
	2	单调变化
	3	5 阶 WENO 方案
	4	5 阶 WENO 方案结合正定条件
scalar_adv_opt (max_dom) 标量的平流选项	0	简单方案，无边界或滤波器的平流
	1	默认值。正定平流
	2	单调变化
	3	5 阶 WENO 方案
	4	5 阶 WENO 方案结合正定条件

(5)&bdy_control

这部分参数设置模式的边界条件。各参数的名称、输入选项和描述如表 5.5 所示。

表 5.5　namelist. input 中的边界条件(&bdy_control)参数信息

变量名	输入选项	描述
spec_bdy_width	5	设置指定边界 nudging(逼近)的总行数，其数值等于 spec_zone 和 relax_zone 之和，仅适用于真实大气模拟试验(real only)，默认值为 5。对于较低分辨率的驱动数据，设置一个较宽的边界区域更合适
spec_zone	1	设置指定区域的格点数(real only)。指定边界条件时有效，推荐设置为 1
relax_zone	4	设置指定松弛区域的格点数(real only)。指定边界条件时有效，默认值为 4
specified	. true .	指定边界条件，只能用于 domain 1，默认值是 . false . (real only)
nested (max_dom)	. false .	嵌套边界条件，嵌套区域必须设置为 . true .

(6)&fdda、&grib2 和 &namelist_quilt

&fdda 部分的参数用于设置 WRF 模式的逼近(nudging)方案，fdda 表示四维资料同化(Four-Dimensional Data Assimilation)，该方法是一种基于牛顿张弛的同化方法。它在模式的积分方程中增加一个逼近项，使模式中的物理量趋近同化变量场。该方法对中小尺度的天气系统同化效果较好，且计算代价较小，适合业务应用。&grib2 中的参数主要是背景场数据、分析和预测数据等的生成过程标识符，取决于数据的来源。&namelist_quilt 设置与多核同时运算相关的选项。各参数的名称、输入选项和描述如表 5.6 所示。

表 5.6　namelist. input 中与同化和 I/O 处理器相关的参数信息

变量名	输入选项	描述
grid_fdda (max_dom) 设置网格 nudging 方法	0	默认值,表示关闭 nudging
	1	开启网格分析 nudging
	2	谱分析 nudging
grid_inname	"wrffdda_d <domain>"	运行 real. exe 时将生成的 fdda 输入文件的名称
grid_interval_m (max_dom)	360	分析时间的间隔,单位:分钟
gfdda_end_h (max_dom)	6	预测开始后停止 nudging 的时间,单位: h
io_form_gfdda 分析数据格式	2	netCDF 格式
	4	PHD5 格式
	5	grib1 格式
	10	grib2 格式
	11	pnetCDF 格式
fgdt (max_dom)	0	分析 nudging 的计算频率,单位:分钟,推荐使用每个时间步长
if_no_pbl_nudging_uv (max_dom)	0 或 1	默认值为 0,表示边界层有 nudging;1 则表示边界层 u 和 v 无 nudging
if_no_pbl_nudging_t (max_dom)	0 或 1	默认值为 0,表示边界层有 nudging;1 则表示边界层 temp 无 nudging
if_no_pbl_nudging_q (max_dom)	0 或 1	默认值为 0,表示边界层有 nudging;1 则表示边界层 qvapor 无 nudging
guv (max_dom)	0.0003	u 和 v 的 nudging 系数(s^{-1})
gt (max_dom)	0.0003	temp 的 nudging 系数(s^{-1})
gq (max_dom)	0.0003	qvapor 的 nudging 系数(s^{-1})
if_ramping	0 或 1	控制逼近是否线性结束的开关,0 为逼近突然结束,1 为逼近线性降低至结束
dtramp_min	60 或 −60	逼近线性结束的持续时间。60 表示在设置的逼近结束时刻后的 60 分钟内逐渐关闭,−60 表示在设置的逼近结束时刻前 60 分钟内逐渐关闭
grid_sfdda (max_dom) 表层 fdda 开关	0	默认值,关闭表层 nudging
	1	采用网格点表层 nudging
	2	FASDAS (flux-adjusted surface data assimilation system),通量调整表层资料同化系统
sgfdda_inname	"wrfsfdda_d <domain>"	运行 obsgrid 后生成的表层 nudging 的输入文件的名称

变量名	输入选项	描述
sgfdda _ interval _ m （max _ dom）	360	表层分析时间的间隔，单位：分钟
sgfdda_end_h (max_dom)	6	在预报开始后停止表层 nudging 的时间，单位：h
io_form_sgfdda	2	表层分析的格式，2＝netCDF
guv_sfc (max_dom)	0.0003	表层 u 和 v 的 nudging 系数(s^{-1})
gt_sfc (max_dom)	0.0003	表层 temp 的 nudging 系数(s^{-1})
gq_sfc (max_dom)	0.00001	表层 qvapor 的 nudging 系数(s^{-1})
rinblw (max_dom)	0	用于确定分析可信度(或权重)的影响半径，取决于网格点与最近的观测点的距离，若缺少邻近的观测值，则使用较低的权重

以上即为 namelist. input 文件中各项参数的描述及设置方法。下面给出一个完整的 namelist. input 参数设置实例，该设置以模拟一次台风(2023 年 7 月台风“杜苏芮”)的发生发展过程为例。使用者可根据实际情况对各个参数进行相应的修改。

在该模拟试验中，模拟的总时长为 6 d(2023 年 7 月 23 日 12 时—29 日 12 时)，模式积分时间步长为 6 h，每 3 小时输出一次模拟结果，所有模拟结果存放在一个文件中；模式层顶大气压设为 50 hPa，大气垂直层数为 34 层，土壤层数为 4 层，模式水平网格距为 30 km；微物理过程参数化方案选用 WSM3 类简单冰方案，长波辐射选用 RRTM 方案，短波辐射选用 Dudhia 方案，每 30 分钟调用一次，近地面层采用修正后的 MM5 Monin-Obukhov 方案，陆面过程采用统一的 Noah 陆面模式方案，边界层采用 YSU 方案，积云对流采用 Kain-Fritsch (new Eta)方案，每 5 分钟调用一次；土体利用和土壤类型数据来自 WPS/geogrid，使用城市冠层模式模拟城市效应；采用 6 阶数值扩散，基准海平面温度设为 290 K，从模式层顶开始的阻尼深度为 5000 m，阻尼系数为 0.2，水平和垂直扩散常数均设为 0，在非静力平衡条件下运行模式。相关参数的设置如图 5.3 至图 5.7 所示。

5.4.3　WRF 模式主模块运行

完成 namelist. input 的参数设定之后，下一步将运行可执行文件 real. exe，对气象数据进行垂向插值，将垂直方向的气压层插值到模式垂向网格高度上，并生成模式的初始条件和边界条件。运行命令如图 5.8 所示。

```
&time_control
run_days                = 6,
run_hours               = 0,
run_minutes             = 0,
run_seconds             = 0,
start_year              = 2023,    2023,    2021,
start_month             = 07,      07,      06,
start_day               = 23,      23,      01,
start_hour              = 12,      12,      12,
start_minute            = 00,      00,      00,
start_second            = 00,      00,      00,
end_year                = 2023,    2023,    2021,
end_month               = 07,      07,      06,
end_day                 = 29,      29,      04,
end_hour                = 12,      12,      12,
end_minute              = 00,      00,      00,
end_second              = 00,      00,      00,
interval_seconds        = 21600,
input_from_file         = .true.,  .true.,  .true.,
history_interval        = 180,      60,      60,
frames_per_outfile      = 1000,    1000,    1000,
restart                 = .false.,
restart_interval        = 5000,
io_form_history         = 2,
io_form_restart         = 2,
io_form_input           = 2,
io_form_boundary        = 2,
debug_level             = 0,
/
```

图 5.3　namelist. input 中模拟时间设置

```
&domains
time_step                 = 180,
time_step_fract_num       = 0,
time_step_fract_den       = 1,
max_dom                   = 2,
e_we                      = 120,      166,      166,
e_sn                      =  90,      139,      130,
e_vert                    =  41,       41,       34,
p_top_requested           = 5000,
num_metgrid_levels        = 34,
num_metgrid_soil_levels   = 4,
dx                        = 30000,    10000,    4000,
dy                        = 30000,    10000,    4000,
grid_id                   = 1,         2,        3,
parent_id                 = 0,         1,        2,
i_parent_start            = 1,        31,       47,
j_parent_start            = 1,        31,       35,
parent_grid_ratio         = 1,         3,        3,
parent_time_step_ratio    = 1,         3,        3,
feedback                  = 1,
smooth_option             = 0,
/
```

图 5.4　namelist. input 中模拟区域设置

```
&physics
mp_physics              = 3,      3,      3,
ra_lw_physics           = 1,      1,      1,
ra_sw_physics           = 1,      1,      1,
radt                    = 30,     30,     30,
sf_sfclay_physics       = 1,      1,      1,
sf_surface_physics      = 2,      2,      2,
bl_pbl_physics          = 1,      1,      1,
bldt                    = 0,      0,      0,
cu_physics              = 1,      1,      0,
cudt                    = 5,      5,      5,
isfflx                  = 1,
ifsnow                  = 0,
icloud                  = 1,
surface_input_source    = 1,
num_soil_layers         = 4,
sf_urban_physics        = 0,      0,      0,
maxiens                 = 1,
maxens                  = 3,
maxens2                 = 3,
maxens3                 = 16,
ensdim                  = 144,
/
```

图 5.5　namelist. input 中物理过程参数化方案设置

```
&fdda
/

&dynamics
w_damping               = 0,
diff_opt                = 1,
km_opt                  = 4,
diff_6th_opt            = 0,      0,      0,
diff_6th_factor         = 0.12,   0.12,   0.12,
base_temp               = 290.,
damp_opt                = 0,
zdamp                   = 5000.,  5000.,  5000.,
dampcoef                = 0.2,    0.2,    0.2,
khdif                   = 0,      0,      0,
kvdif                   = 0,      0,      0,
non_hydrostatic         = .true., .true., .true.,
moist_adv_opt           = 1,      1,      1,
scalar_adv_opt          = 1,      1,      1,
/
```

图 5.6　namelist. input 中动力、同化过程参数设置

```
&grib2
/

&namelist_quilt
nio_tasks_per_group      = 0,
nio_groups               = 1,
/
```

图 5.7　namelist. input 中 I/O 处理器相关参数设置

```
[mss@localhost doksuri]$ ./real.exe
 starting wrf task            0  of            1
```

图 5.8　执行 real. exe 对气象数据进行垂向插值

生成的边界条件、初始场文件如图 5.9 所示。

```
[mss@localhost doksuri]$ ll wrfbdy* wrfinput*
-rw-rw-r--. 1 mss mss 66195419 Nov 15 13:13 wrfbdy_d01
-rw-rw-r--. 1 mss mss 12019818 Nov 15 13:13 wrfinput_d01
-rw-rw-r--. 1 mss mss 21352011 Nov 15 13:13 wrfinput_d02
```

图 5.9　生成的边界条件和初始场文件

运行结束后，查看 rsl 文件确保运行正确，查看命令如图 5.10 所示。

```
[mss@localhost doksuri]$ tail rsl.error.0000
```

图 5.10　使用 tail 命令查看 rsl. error * 文件

如果看到“SUCCESS”，且生成一个 wrfbdy_d01 文件和多个（对应 max_dom 的数值）wrfinput_d0 * 文件，说明运行成功。随后即可用如图 5.11 的命令运行 WRF 模式。

```
[mss@localhost doksuri]$ ./wrf.exe
 starting wrf task            0  of            1
```

图 5.11　执行 wrf. exe

生成的模式输出结果文件如图 5.12 所示。

```
-rw-rw-r--. 1 mss mss  622162674 Nov 15 19:22 wrfout_d01_2023-07-23_12:00:00
-rw-rw-r--. 1 mss mss 3618252714 Nov 15 19:22 wrfout_d02_2023-07-23_12:00:00
-rw-rw-r--. 1 mss mss   70176671 Nov 15 18:01 wrfrst_d01_2023-07-26_23:21:00
-rw-rw-r--. 1 mss mss  139744754 Nov 15 18:01 wrfrst_d02_2023-07-26_23:21:00
```

图 5.12　生成的模式输出结果文件

运行结束后，依然需查看 rsl 文件，确保运行正确，查看命令如图 5.13 所示。

```
[mss@localhost doksuri]$ tail rsl.error.0000
```

图 5.13　使用 tail 命令查看 rsl. error * 文件

如果看到“SUCCESS”，且生成多个 wrfout_d0 * 和 wrfrst_d0 * 文件，说明运行成功。

至此，WRF 模式主模块的运行操作已完成。在成功运行 WRF 模式并获得正确的模拟结果之后，首先需要初步判断模式结果的正确性，然后需要借助各种可视化工具及编程工具来展示和分析模式结果。目前可采用以下工具来进行模式后处理：NCL、Python、RIP、ARW-post、UPP 及 VAPOR。其中，UPP 可处理 netCDF 和二进制两种格式的数据，其他工具仅可处理 netCDF 格式的文件。

第 6 章　综合实习一:台风“杜苏芮”模拟

本章以 2023 年第 5 号超强台风“杜苏芮”为例,使用 WRF 模式对这次超强台风过程进行数值模拟。

6.1　背景介绍

台风“杜苏芮”于 2023 年 7 月 21 日上午在西北太平洋洋面生成,此后其逐渐发展增强为超强台风,于 7 月 25 日达到中央气象台认定的峰值强度(62 m/s);于 7 月 26 日凌晨登陆菲律宾富加岛;于 7 月 27 日傍晚再次升格为超强台风;于 7 月 28 日上午被中央气象台认定以强台风级(50 m/s)登陆福建省晋江市沿海,成为有完整记录以来登陆福建第二强的台风。最终于 7 月 29 日在安徽境内减弱为热带低压,被中央气象台停止编号,但其停编后的残余环流仍继续北上并在中国北方多地引发了极端暴雨天气,造成严重的灾情。

6.2　模拟方案设置

参考日本气象厅台风路径等资料,根据台风“杜苏芮”生成和移动的特点,设计了如下模拟方案。

(1)模拟时段选取

台风“杜苏芮”在 2023 年 7 月 21 日从太平洋上产生,到逐渐增强为强风暴,途经菲律宾岛,最终于 7 月 29 日在我国安徽境内减弱为热带低压继而北上,历时 9 d。为了相对完整地模拟“杜苏芮”从增强到消亡的过程,选取“杜苏芮”生成后 2 d 即台风加强到强风暴级别时的 7 月 23 日白天,到台风消亡的时段即 7 月 29 日白天共 6 d 的时间进行模拟。模拟结果每 6 小时输出一次。

(2)模拟区域和嵌套

考虑到台风“杜苏芮”移动速度较快,影响范围较大,将模拟区域设置在以(119.988°E,19.252°N)为中心,东西跨度为 4000 km,南北跨度大致 3000 km 的一个相对较大的区域开展数值模拟。受单机 CPU、内存等硬件的限制,仅使用较粗分辨率的双重嵌套对台风进行初步模拟,未进行移动性嵌套。设置第一重嵌套(d01)网格水平分辨率 30 km,东西方向 120 个格点,南北方向 90 个格点。以 3 ∶ 1 的比例设置第二重嵌套(d02)网格距,区域水平分辨率

10 km，东西方向 166 个网格，南北方向 139 个网格。

6.3　实习目的

(1)掌握基于 Windows 系统使用虚拟机登录 Linux 系统的基本方法。

(2)掌握 Linux 操作平台的基本命令。

(3)熟悉运行 WRF 模式的基本操作步骤。

(4)基于模式的整体运行步骤，实现一次台风过程完整的数值模拟。

6.4　实习内容

(1)练习使用 Windows 系统利用虚拟机登录 Linux 系统，进入 WRF 数值模拟系统。

(2)练习使用 Linux 系统的基本操作命令。

(3)使用 WRF 模式对一次台风过程进行数值模拟的实践活动。

(4)对实验结果进行可视化输出。

6.5　实习步骤

6.5.1　登录数值模拟系统

(1)登录 Linux 系统

双击桌面上蓝色的“rocky”图标，会出现名为“mss”的头像和“Rocky”字样的黑屏；点击头像的名字“mss”，即出现要求输入密码的“Password”对话框；在对话框中输入密码“123456”，选中屏幕上的“sign in”选框，则进入了 Rocky Linux 系统（详细步骤可参考第 2 章）。

(2)进入 WRF 模式

在 Linux 系统下点击白色边框上的“Applications”选框，找到“Terminal”，点击“Terminal”，打开 Linux 的终端工作界面。可查看到当前的登录目录是/home/mss，找到实习目录 workspace，并使用 cd 命令进入目录，查看包含的目录和文件（图 6.1）。

```
[mss@localhost workspace]$ pwd
/home/mss/workspace
[mss@localhost workspace]$ ls
build-wrf  case  data  docs  geog  libs  README  src  wdw
```

图 6.1　workspace 目录下的文件和次级目录

该目录下有多个子目录，“README”文件对各个目录的功能进行了介绍，例如，“geog”和“data”目录分别用以存放静态地理数据和大气再分析数据，“build-wrf”用以编译模式的前处理 WPS 和 WRF 主模块，“case”目录为不同的个例运行目录等。本章实习个例“Doksuri”就在“case”目录下。关于各目录的详细信息可参见第 3 章内容。

6.5.2　WPS 模块运行

(1)资料准备

WRF-ARW 运行需要静态地理数据(如地形、植被类型分布、下垫面类型和土地利用分类等)、大气资料及海温资料，并通过 WPS 系统生成包含地理信息的气象强迫场。用户可以根据实际模拟的需求，从 WRF 官网下载指定时空分辨率和不同数据来源的资料，并选择对应的 table 对数据进行解码分类。

①静态地理数据

从 WRF 官网(https://www2.mmm.ucar.edu/wrf/users/download/get_sources_wps_geog.html)下载静态地理数据，存放于“/home/mss/workspace/geog”目录下。这些数据下载下来时为压缩数据，需根据研究需要选择适合的分辨率数据进行解压(关于数据的细节可参照第 4 章)。在本例中，除单一分辨率数据外，其他数据统一选择 5′分辨率的数据。使用 cd 命令进入 geog 目录后，下载的数据列表见图 6.2，即

cd /home/mss/workspace/geog

```
[mss@localhost geog]$ ls *gz *bz*
geog_low_res_mandatory.tar.gz  modis_landuse_20class_30s_with_lakes.tar.bz2
greenfrac_fpar_modis.tar.bz2   orogwd_10m.tar.bz2
```

图 6.2　静态地理数据

将下载的文件使用 tar 命令进行解压，可得到解压后的静态地理数据文件列表。如对分辨率为 5′的地形数据进行解压，解压后可在名为“topo_gmted2010_5m”的目录里查看这些数据(图 6.3)。

tar -zxvf topo_gmted2010_5m.tar.bz2

```
[mss@localhost geog]$ ls topo_gmted2010_5m
00001-00600.00001-00600  00601-01200.01201-01800
00001-00600.00601-01200  00601-01200.01801-02400
00001-00600.01201-01800  01201-01800.00001-00600
00001-00600.01801-02400  01201-01800.00601-01200
00601-01200.00001-00600  01201-01800.01201-01800
00601-01200.00601-01200  01201-01800.01801-02400
```

图 6.3　5 m 地形数据

②大气再分析数据

这里选取由美国国家环境预报中心(NCEP)和美国国家大气研究中心(NCAR)联合制作，分辨率为 1°×1°，时间间隔为 6 h 的 FNL(Final Reanalysis Data)再分析数据(https://

rda. ucar. edu/datasets/ds083. 2/index. html)对模式进行驱动(数据详细介绍见第 4 章)。对于台风“杜苏芮”的模拟一共进行了 6 d,因此,需下载与模拟时间相对应的 6 d 的数据。数据下载完毕后,把数据存放在“/home/mss/workspace/data” 目录下一个名为“fnl20230723”的目录中(该目录为自己新建),进入目录中,即可查看下载的数据列表(图 6.4)。

```
[mss@localhost data]$ cd fnl20230723
[mss@localhost fnl20230723]$ ls
fnl_20230723_00_00.grib2  fnl_20230725_18_00.grib2
fnl_20230723_06_00.grib2  fnl_20230726_00_00.grib2
fnl_20230723_12_00.grib2  fnl_20230726_06_00.grib2
fnl_20230723_18_00.grib2  fnl_20230726_12_00.grib2
fnl_20230724_00_00.grib2  fnl_20230726_18_00.grib2
fnl_20230724_06_00.grib2  fnl_20230727_00_00.grib2
fnl_20230724_12_00.grib2  fnl_20230727_06_00.grib2
fnl_20230724_18_00.grib2  fnl_20230727_12_00.grib2
fnl_20230725_00_00.grib2  fnl_20230727_18_00.grib2
fnl_20230725_06_00.grib2  fnl_20230728_00_00.grib2
fnl_20230725_12_00.grib2  fnl_20230728_06_00.grib2
```

图 6.4　大气再分析数据列表

(2)namelist. wps 文件编辑

WPS 部分编译完成时,系统已经提供了默认的 namelist. wps 文件,需要根据个例的模拟方案对 namelist. wps 进行修改,形成针对台风“杜苏芮”个例模拟的 namelist. wps 文件(图 6.5)。

首先,使用 cd 命令进入 WPS 模块,通过 vi 等命令对 namelist. wps 文件进行编辑。

cd /home/mss/workspace/build-wrf/WPS-4. 2

vi namelist. wps

namelist. wps 文件中 &share 是 WPS 模块中 3 个子模块 geogrid、ungrib、metgrid 运行时需要的公共信息。针对台风“杜苏芮”个例,对模拟的时间和区域信息进行修改(图 6.5)。

&geogrid 用来设置模拟区域和嵌套信息,对台风模拟区域的中心经纬度、水平分辨率、外区域和嵌套区域的分辨率比例、每个区域东西和南北方向的网格数、静态地理数据的路径等信息进行设置。因模拟区域地处低纬度地区,选择 mercator 方式进行投影。

&ungrib 用来解压数据,这部分需指定生成的文件格式和文件名的前缀,以便系统识别。本个例中默认生成文件的格式为 WPS 格式,默认生成文件前缀为 FILE。也可根据数据的来源指定文件名前缀(如数据来源 FNL)来命名文件。

&metgrid 读取文件的前缀设置应与 ungrib 文件相同,因此仍采用默认设置 FILE。使用 io_form_metgrid 指定输出格式,这里采用 . nc 格式的文件输出。

为防止在修改过程中改错文件,也可先对系统提供的 namelist. wps 进行备份后再进行修改,并改名标识该文件,最后通过链接该文件,形成个例模拟所用的 namelist. wps 文件,操作命令如下:

```
cp namelist.wps namelist.wps.bk
mv namelist.wps namelist.wps.Doksuri
vi namelist.wps.Doksuri
ln -sf namelist.wps.Doksuri namelist.wps
```

```
&share
 wrf_core            = 'ARW',
 max_dom             = 2,
 start_date          = '2023-07-23_12:00:00', '2023-07-23_12:00:00',
 end_date            = '2023-07-29_12:00:00', '2023-07-29_12:00:00',
 interval_seconds    = 21600,
 io_form_geogrid     = 2,
/

&geogrid
 parent_id           = 1,    1,
 parent_grid_ratio   = 1,    3,
 i_parent_start      = 1,    31,
 j_parent_start      = 1,    31,
 e_we                = 120,  166,
 e_sn                = 90,   139,
 geog_data_res       = 'default','default',
 dx                  = 30000,
 dy                  = 30000,
 map_proj            = 'mercator',
 ref_lat             = 19.252,
 ref_lon             = 119.988,
 truelat1            = 10.0,
 truelat2            = 30.0,
 stand_lon           = 119.988,
 geog_data_path = '/home/mss/workspace/geog',
/

&ungrib
 out_format          = 'WPS',
 prefix              = 'FILE',
/

&metgrid
 fg_name             = 'FILE',
 io_form_metgrid     = 2,
/
```

图 6.5　namelist.wps 文件

(3)绘制区域图形

namelist.wps 修改完成后，可根据文件中的信息，使用 util 目录下提供的 NCL 绘图程序 plotgrids_new.ncl，基于 namelist.wps 中的信息，直观地将模拟区域及嵌套的信息以图像的形式显示出来。因为 plotgrids_new.ncl 文件与 namelist.wps 不在一个目录下，因此，首先使用 cp 命令将绘图程序拷贝于当前目录，再使用 ncl 命令进行绘图。图 6.6 给出了台风“杜苏芮”模拟区域设置和嵌套区域设置的图像。

```
cp /home/mss/workspace/build-wrf/WPS-4.2/util/plotgrids_new.ncl .
ncl plotgrids_new.ncl
```

另外，还可使用可视化工具 DomainWizard，运行生成 namelist.wps 文件，并直观地展现区域设置和嵌套信息，或进行模拟区域调整，具体可参见第 4 章内容。

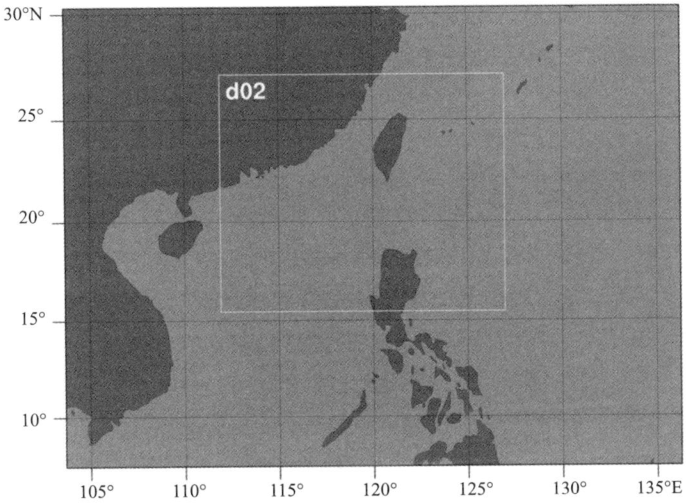

图 6.6　模拟区域设置

(4)WPS 各模块运行

namelist. wps 文件设置完毕后，可依次运行 geogrid、ungrib、metgrid 模块，完成前处理过程。

①geogrid 模块

链接变量注册表，链接可执行文件到当前目录，运行可执行文件：

```
ln -sf ./geogrid/GEOGRID.TBL.ARW ./geogrid/GEOGRID.TBL
ln -sf ./geogrid/src/geogrid.exe
./geogrid.exe
```

运行完成后，检查文件 geo_em. d01. nc 和 geo_em. d02. nc 是否生成，这两个文件分别和二重嵌套中的外区域和嵌套区域相对应（图 6.7）。

```
[mss@localhost Doksuri]$ ls geo*
geo_em.d01.nc  geo_em.d02.nc
```

图 6.7　区域和嵌套信息文件

②ungrib 模块

链接气象场、变量注册表及可执行文件在当前目录下：

```
cd /home/mss/workspace/build-wrf/WPS-4.2
ln -sf ./ungrib/src/ungrib.exe
ln -sf ./ungrib/Variable_Tables/Vtable.GFS Vtable
./link_grib.csh /home/mss/workspace/data/fnl20230723/fnl *
```

进行上述操作后，在当前目录下可得到以"GRIBFILE"为前缀的临时文件列表（图 6.8）。

```
[mss@localhost Doksuri]$ ls GRIB*
GRIBFILE.AAA  GRIBFILE.AAG  GRIBFILE.AAM  GRIBFILE.AAS
GRIBFILE.AAB  GRIBFILE.AAH  GRIBFILE.AAN  GRIBFILE.AAT
GRIBFILE.AAC  GRIBFILE.AAI  GRIBFILE.AAO  GRIBFILE.AAU
GRIBFILE.AAD  GRIBFILE.AAJ  GRIBFILE.AAP  GRIBFILE.AAV
GRIBFILE.AAE  GRIBFILE.AAK  GRIBFILE.AAQ  GRIBFILE.AAW
GRIBFILE.AAF  GRIBFILE.AAL  GRIBFILE.AAR  GRIBFILE.AAX
```

图 6.8　grib 文件列表

使用如下命令运行 ungrib. exe 后，将产生如图 6.9 所示的以“FILE”为前缀的临时解码资料：

./ungrib. exe

```
[mss@localhost Doksuri]$ ls FILE*
FILE:2023-07-23_12  FILE:2023-07-24_18
FILE:2023-07-23_18  FILE:2023-07-25_00
FILE:2023-07-24_00  FILE:2023-07-25_06
FILE:2023-07-24_06  FILE:2023-07-25_12
FILE:2023-07-24_12  FILE:2023-07-25_18
```

图 6.9　解码资料

如实际应用中需要更新海温资料，则可以重复以上操作对下载的海温资料进行解码，但需要设置链接变量注册表 Vtable. SST，并在 namelist. wps 中设置解码文件前缀为 prefix=SST，再最终运行 ungrib. exe 得到关于海温的解码资料，具体可参见 WRF 说明书。

③ metgrid 模块

链接注册表和可执行文件，并执行该文件：

ln -sf ./metgrid/METGRID. TBL. ARW METGRID. TBL

ln -sf ./metgrid/src/metgrid. exe

./metgrid. exe

执行完成后，在当前目录下可产生针对不同嵌套区域的 met * 文件，如对于 7 月 23—24 日，针对 d01 区域，可生成如图 6.10 所示的 met * 文件：

```
[mss@localhost Doksuri]$ ls met*07-2[3-4]_1*
met_em.d01.2023-07-23_12:00:00.nc  met_em.d01.2023-07-24_12:00:00.nc
met_em.d01.2023-07-23_18:00:00.nc  met_em.d01.2023-07-24_18:00:00.nc
```

图 6.10　met 文件的生成

至此，WPS 部分执行完毕。

6.5.3　WRF 模块运行

(1)修改 WRF 主模块里的 namelist 文件-namelist. input

进行 WRF 模块模拟，需要先修改 namelist. input 文件。系统已经提供了默认的 namelist. input 文件，需要根据个例的模拟方案对 namelist. input 进行修改，形成针对模拟个例的 namelist. input 文件。进入 WRF 模块中台风“杜苏芮”的运行目录 Doksuri，使用 vi 命令，即可对 namelist. input 进行修改，操作如下：

cd/home/mss/workspace/case/Doksuri

vi namelist. input

首先，修改 namelist. input 的 &time_control 和 &domain 部分，需要调整模式积分的起止时间、时间分辨率、水平分辨率和垂直分辨率与 namelist. wps 保持一致。模拟每 6 小时产生一次输出结果，为了便于绘图，将每次输出存入一个文件中。这两部分修改的具体内容如图 6.11、图 6.12 所示。

```
&time_control
run_days                 = 6,
run_hours                = 0,
run_minutes              = 0,
run_seconds              = 0,
start_year               = 2023,     2023,     2021,
start_month              = 07,       07,       06,
start_day                = 23,       23,       01,
start_hour               = 12,       12,       12,
start_minute             = 00,       00,       00,
start_second             = 00,       00,       00,
end_year                 = 2023,     2023,     2021,
end_month                = 07,       07,       06,
end_day                  = 29,       29,       04,
end_hour                 = 12,       12,       12,
end_minute               = 00,       00,       00,
end_second               = 00,       00,       00,
interval_seconds         = 21600,
input_from_file          = .true.,   .true.,   .true.,
history_interval         = 180,       60,       60,
frames_per_outfile       = 1000,     1000,     1000,
restart                  = .false.,
restart_interval         = 5000,
io_form_history          = 2,
io_form_restart          = 2,
io_form_input            = 2,
io_form_boundary         = 2,
debug_level              = 0,
/
```

图 6.11　namelist. input 文件中模拟时间设置

namelist. input 文件中的 &physics、&dynamics 和 &fdda 等部分提供了丰富的物理参数化、动力机制及同化方案供用户选择（具体说明可见第 5 章）。采用图 6.13 和图 6.14 的参数列表对台风“杜苏芮”进行模拟。

```
&domains
time_step                       = 180,
time_step_fract_num             = 0,
time_step_fract_den             = 1,
max_dom                         = 2,
e_we                            = 120,       166,       166,
e_sn                            =  90,       139,       130,
e_vert                          =  41,        41,        34,
p_top_requested                 = 5000,
num_metgrid_levels              = 34,
num_metgrid_soil_levels         = 4,
dx                              = 30000,    10000,     4000,
dy                              = 30000,    10000,     4000,
grid_id                         = 1,         2,         3,
parent_id                       = 0,         1,         2,
i_parent_start                  = 1,        31,        47,
j_parent_start                  = 1,        31,        35,
parent_grid_ratio               = 1,         3,         3,
parent_time_step_ratio          = 1,         3,         3,
feedback                        = 1,
smooth_option                   = 0,
/
```

图 6.12　namelist. input 文件中模拟区域和嵌套设置

```
&physics
mp_physics                      = 3,         3,         3,
ra_lw_physics                   = 1,         1,         1,
ra_sw_physics                   = 1,         1,         1,
radt                            = 30,       30,        30,
sf_sfclay_physics               = 1,         1,         1,
sf_surface_physics              = 2,         2,         2,
bl_pbl_physics                  = 1,         1,         1,
bldt                            = 0,         0,         0,
cu_physics                      = 1,         1,         0,
cudt                            = 5,         5,         5,
isfflx                          = 1,
ifsnow                          = 0,
icloud                          = 1,
surface_input_source            = 1,
num_soil_layers                 = 4,
sf_urban_physics                = 0,         0,         0,
maxiens                         = 1,
maxens                          = 3,
maxens2                         = 3,
maxens3                         = 16,
ensdim                          = 144,
/

&fdda
/
```

图 6.13　namelist. input 文件中物理参数化和 fdda 设置

```
&dynamics
w_damping                = 0,
diff_opt                 = 1,
km_opt                   = 4,
diff_6th_opt             = 0,       0,       0,
diff_6th_factor          = 0.12,    0.12,    0.12,
base_temp                = 291.,
damp_opt                 = 0,
zdamp                    = 5000.,   5000.,   5000.,
dampcoef                 = 0.2,     0.2,     0.2,
khdif                    = 0,       0,       0,
kvdif                    = 0,       0,       0,
non_hydrostatic          = .true.,  .true.,  .true.,
moist_adv_opt            = 1,       1,       1,
scalar_adv_opt           = 1,       1,       1,
/

&bdy_control
spec_bdy_width           = 5,
spec_zone                = 1,
relax_zone               = 4,
specified                = .true., .false., .false.,
nested                   = .false.,  .true.,  .true.,
/

&grib2
/

&namelist_quilt
nio_tasks_per_group      = 0,
nio_groups               = 1,
/
```

图 6.14　namelist. input 文件中动力机制、边界信息设置

与修改 namelist. wps 相同，为防止在修改过程中改错文件，可先对系统提供的 namelist. input 备份再进行修改，并改名标识该文件，最后通过链接该文件形成个例模拟所用的 namelist. input 文件：

cp namelist. input namelist. input. bk

mv namelist. input namelist. input. Doksuri

ln -fs namelist. input. Doksuri namelist. input

(2)初、边值条件的形成

链接注册表和可执行文件：

cd /home/mss/workspace/case/Doksuri

ln -sf /home/mss/workspace/WRF4. 2/main/real. exe

ln -sf /home/mss/workspace/WRF4. 2/main/wrf. exe

把 WPS 生成的以"met"打头的文件链接(或拷贝)到当前目录下,操作命令如下:

ln -sf /home/mss/workspace/build-wrf/WPS-4. 2/met_em. d0 * nc .

查看当前目录下是否出现 met_em. d0 * nc 文件,可得到如图 6. 15 所示的文件列表。

```
[mss@localhost Doksuri]$ ls met*d0*07-24*nc
met_em.d01.2023-07-24_00:00:00.nc  met_em.d01.2023-07-24_12:00:00.nc
met_em.d01.2023-07-24_06:00:00.nc  met_em.d01.2023-07-24_18:00:00.nc
```

图 6. 15 WRF 运行目录中的 met 文件列表

如 met 文件已出现在当前目录中,则运行文件 real. exe,即

. /real. exe

查看是否出现运行日志文件 rsl. out. 0000 和 rsl. error. 0000,如果出现,可使用 tail 或 cat 命令查看日志文件判断运行是否正确(图 6. 16):

tail rsl. error. 0000 (或 cat rsl. error. 0000)

若运行成功,则在文件末尾显示:real_em: SUCCESS COMPLETE REAL_EM INIT。

```
[mss@localhost Doksuri]$ tail rsl.error.0000
d02 2023-07-23_12:00:00 Turning off use of MAX WIND level data in vertical interpolation
d02 2023-07-23_12:00:00 Turning off use of TROPOPAUSE level data in vertical interpolation
Using sfcprs3 to compute psfc
d02 2023-07-23_12:00:00 No average surface temperature for use with inland lakes
 Assume Noah LSM input
d02 2023-07-23_12:00:00 forcing artificial silty clay loam at   13 points, out of  22770
d02 2023-07-23_12:00:00 Timing for processing          1 s.
d02 2023-07-23_12:00:00 Timing for output          1 s.
d02 2023-07-23_12:00:00 Timing for loop #    1 =          2 s.
d01 2023-07-29_12:00:00 real_em: SUCCESS COMPLETE REAL_EM INIT
```

图 6. 16 real. exe 运行成功标志

查看是否成功生成模式的初始场和边界场。如运行成功,则在当前目录下产生了针对不同嵌套区域的初始场文件 wrfinput_d01、wrfinput_d02 及边界场文件 wrfbdy_d01 等文件(图 6. 17)。

```
[mss@localhost Doksuri]$ ls wrfbdy* wrfinput*
wrfbdy_d01  wrfinput_d01  wrfinput_d02
```

图 6. 17 模式初始场、边界场的生成

(3)WRF 运行

运行 wrf. exe,即

. /wrf. exe

此时可查看模式运行结果和断点重启文件(restart 文件)是否生成。在本例中,模式输出时间间隔为每 4 小时 1 次,每天输出 6 次,运行 49 个时次,每个嵌套区生成 1 个输出文件、1 个断点重启(restart)文件(图 6. 18)。

```
[mss@localhost Doksuri]$ ls wrfout*07-23_12* wrfrst*
wrfout_d01_2023-07-23_12:00:00  wrfout_d02_2023-07-23_12:00:00
wrfrst_d01_2023-07-28_12:00:00  wrfrst_d02_2023-07-28_12:00:00
```

图 6.18　WRF 输出文件列表

此时“rsl. error. 0000”和“rsl. out. 0000”也会同步更新，可以通过查看这两个文件了解模拟运行的时间（图 6.19）。

tail rsl. out. error

```
[mss@localhost Doksuri]$ tail rsl.error.0000
Timing for main: time 2023-07-23_12:06:00 on domain   2:     1.52348 elapsed seconds
Timing for main: time 2023-07-23_12:06:00 on domain   1:     5.90326 elapsed seconds
Timing for main: time 2023-07-23_12:07:00 on domain   2:     1.47268 elapsed seconds
Timing for main: time 2023-07-23_12:08:00 on domain   2:     1.50231 elapsed seconds
Timing for main: time 2023-07-23_12:09:00 on domain   2:     1.48447 elapsed seconds
Timing for main: time 2023-07-23_12:09:00 on domain   1:     5.69394 elapsed seconds
Timing for main: time 2023-07-23_12:10:00 on domain   2:     1.67506 elapsed seconds
Timing for main: time 2023-07-23_12:11:00 on domain   2:     1.49015 elapsed seconds
Timing for main: time 2023-07-23_12:12:00 on domain   2:     1.49011 elapsed seconds
Timing for main: time 2023-07-23_12:12:00 on domain   1:     5.99147 elapsed seconds
```

图 6.19　运行时间查看

若 WRF 模块运行成功，查看 rsl. out. 0000 则显示如图 6.20 所示。

```
[mss@localhost Doksuri]$ tail rsl.out.0000
Timing for main: time 2023-07-29_11:56:00 on domain   2:     1.90921 elapsed seconds
Timing for main: time 2023-07-29_11:57:00 on domain   2:     1.80482 elapsed seconds
Timing for main: time 2023-07-29_11:57:00 on domain   1:     7.38789 elapsed seconds
Timing for main: time 2023-07-29_11:58:00 on domain   2:     1.65768 elapsed seconds
Timing for main: time 2023-07-29_11:59:00 on domain   2:     1.80676 elapsed seconds
Timing for main: time 2023-07-29_12:00:00 on domain   2:     2.07635 elapsed seconds
Timing for Writing wrfout_d02_2023-07-29_12:00:00 for domain        2:     2.88697 elapsed seconds
Timing for main: time 2023-07-29_12:00:00 on domain   1:    10.39036 elapsed seconds
Timing for Writing wrfout_d01_2023-07-29_12:00:00 for domain        1:     1.72993 elapsed seconds
d01 2023-07-29_12:00:00 wrf: SUCCESS COMPLETE WRF
```

图 6.20　WRF 模块运行成功标志

为提高运行效率，也可使用两个或两个以上 CPU（如电脑有两个或两个以上 CPU 的配置），从后台提交作业。以下命令使用双 CPU 从后台提交作业：

nohup mpirun -n 2 ./WRF. exe > wrf. log 2>&1 &

提交后检查作业运行队列，可使用 top 等命令查找到作业运行的 ID，对作业运行情况进行监测。图 6.21 中，PID 为 6014 和 6015 的作业即为已提交的 WRF 的两个正在运行的作业。

top

```
Tasks: 226 total,   4 running, 222 sleeping,   0 stopped,   0 zombie
%Cpu(s): 91.6 us,  3.4 sy,  0.0 ni,  0.0 id,  0.0 wa,  5.0 hi,  0.0 si,  0.0 st
MiB Mem :   3665.7 total,    133.7 free,   2607.0 used,    925.0 buff/cache
MiB Swap:   4052.0 total,   3930.3 free,    121.7 used.    795.7 avail Mem

  PID USER      PR  NI    VIRT    RES    SHR S  %CPU  %MEM     TIME+ COMMAND
 6015 mss       20   0 1038816 704408  36360 R  94.0  18.8   2:06.41 wrf.exe
 6014 mss       20   0 1072404 748708  41312 R  92.4  19.9   2:06.70 wrf.exe
 2593 mss       20   0 3892088 572460 143076 R   2.7  15.3   5:08.70 gnome-shell
 1029 root      20   0  504656    644    528 S   0.3   0.0   0:05.55 VBoxDRMClient
 2398 mss       20   0  516556 152832  75636 S   0.3   4.1   1:36.61 Xorg
 3238 mss       20   0 1126680  78604  33816 S   0.3   2.1   0:29.57 gnome-terminal-
 5879 root      20   0       0      0      0 I   0.3   0.0   0:00.23 kworker/0:0-events_power_efficient
    1 root      20   0  241296  13496   8504 S   0.0   0.4   0:02.38 systemd
    2 root      20   0       0      0      0 S   0.0   0.0   0:00.01 kthreadd
    3 root       0 -20       0      0      0 I   0.0   0.0   0:00.00 rcu_gp
    4 root       0 -20       0      0      0 I   0.0   0.0   0:00.00 rcu_par_gp
    5 root       0 -20       0      0      0 I   0.0   0.0   0:00.00 slub_flushwq
    7 root       0 -20       0      0      0 I   0.0   0.0   0:00.00 kworker/0:0H-events_highpri
    9 root      20   0       0      0      0 I   0.0   0.0   0:00.24 kworker/u4:0-events_unbound
   10 root       0 -20       0      0      0 I   0.0   0.0   0:00.00 mm_percpu_wq
   11 root      20   0       0      0      0 S   0.0   0.0   0:00.00 rcu_tasks_rude_
   12 root      20   0       0      0      0 S   0.0   0.0   0:00.00 rcu_tasks_trace
   13 root      20   0       0      0      0 S   0.0   0.0   0:00.08 ksoftirqd/0
   14 root      20   0       0      0      0 I   0.0   0.0   0:01.27 rcu_sched
   15 root      rt   0       0      0      0 S   0.0   0.0   0:00.01 migration/0
   16 root      rt   0       0      0      0 S   0.0   0.0   0:00.02 watchdog/0
   17 root      20   0       0      0      0 S   0.0   0.0   0:00.00 cpuhp/0
   18 root      20   0       0      0      0 S   0.0   0.0   0:00.00 cpuhp/1
   19 root      rt   0       0      0      0 S   0.0   0.0   0:00.01 watchdog/1
   20 root      rt   0       0      0      0 S   0.0   0.0   0:00.00 migration/1
   21 root      20   0       0      0      0 S   0.0   0.0   0:00.13 ksoftirqd/1
   23 root       0 -20       0      0      0 I   0.0   0.0   0:00.00 kworker/1:0H-events_highpri
   25 root      20   0       0      0      0 I   0.0   0.0   0:00.01 kworker/u4:1-writeback
   26 root      20   0       0      0      0 S   0.0   0.0   0:00.00 kdevtmpfs
   27 root       0 -20       0      0      0 I   0.0   0.0   0:00.00 netns
```

图 6.21　作业运行队列查看

可通过 q(代表 quit) 命令退出作业查看。若作业提交有误,需重新修改进行提交,可使用 kill 命令取消作业进程,修改后再次提交作业,即

kill 6014 6015

若使用两个或多个 CPU 的方式提交作业,则会产生除 rsl. error. 0000 和 rsl. out. 0000 之外的多个运行日志文件 rsl. out. 000X 和 rsl. error. 000X(X 可以是 1,2,…,视 CPU 数而定),内容与 rsl. out. 0000 和 rsl. error. 0000 一样。

6.5.4　模拟结果的后处理

可用 NCL、Python 等多种绘图软件对 WRF 模拟的结果进行可视化。这里以 NCL 为例,对 WRF 模拟的结果进行可视化。

WRF 官网提供了使用 NCL 处理 WRF 模式输出结果的例子,网址如下:

https://www2. mmm. ucar. edu/wrf/OnLineTutorial/Graphics/NCL/NCL_examples. php

NCL 官网也提供了专门针对 WRF 模拟结果可视化的例子,网址如下:

https://www. ncl. ucar. edu/Applications/wrf. shtml

使用这些例子，可以对台风“杜苏芮”的个例进行图形可视化，图 6.22 给出了模拟区域的外层区域(d01)的地形分布。

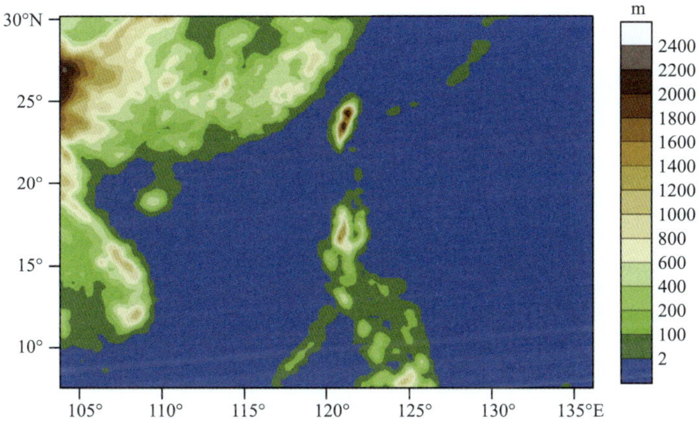

图 6.22　模拟区域地形

(参考 https://www.ncl.ucar.edu/Applications/Scripts/wrf_gsn_2.ncl 绘制。注：书中呈现的图在坐标、单位等方面按出版要求进行了规范，与实际出图略有差异，下同)

图 6.23 至图 6.25 分别给出了台风“杜苏芮”7 月 24 日 06 时—28 日 06 时中心移动路径、台风中心最低气压随时间的变化，以及近地面 10 m 风和温度的时间分布。

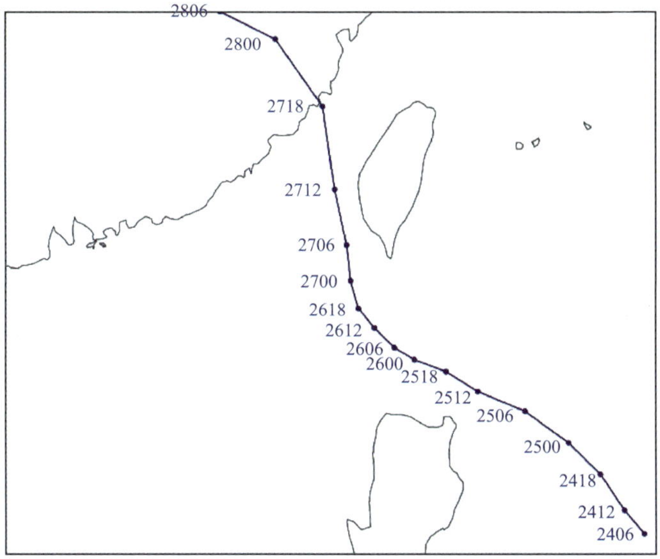

图 6.23　台风“杜苏芮”7 月 24 日 06 时—28 日 06 时中心移动路径

图中蓝色点为台风中心，数字为对应的时间(日时)

(参照 https://www.ncl.ucar.edu/Applications/Scripts/WRF_track_1.ncl 绘制)

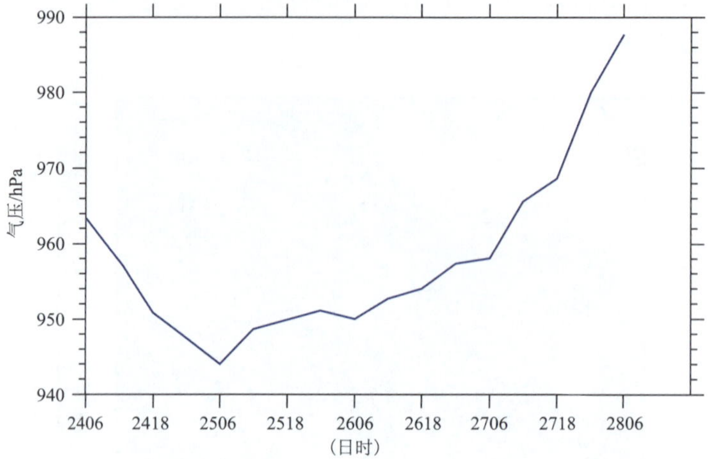

图 6.24　2023 年 7 月台风“杜苏芮”最低中心气压时间变化

（参照 https://www.ncl.ucar.edu/Applications/Scripts/wrf_interp_5.ncl 绘制）

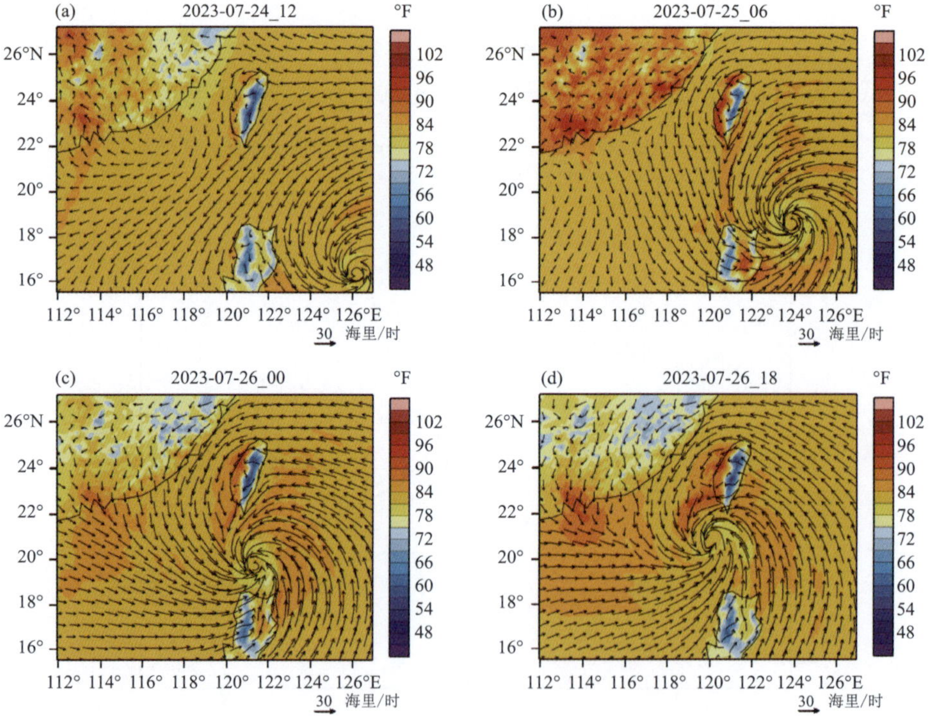

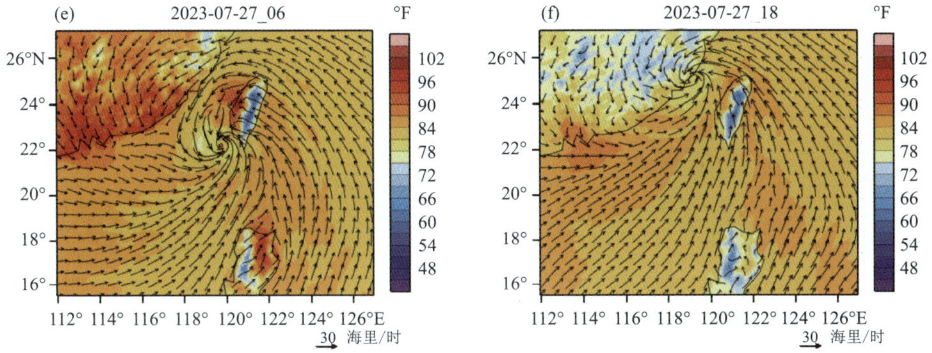

图 6.25　10 m 风速和温度分布(1 海里＝1.852 km,余同)
(参照 https://www.ncl.ucar.edu/Applications/Scripts/wrf_gsn_6.ncl 绘制)

图 6.26 给出了台风雨带随时间变化的分布。

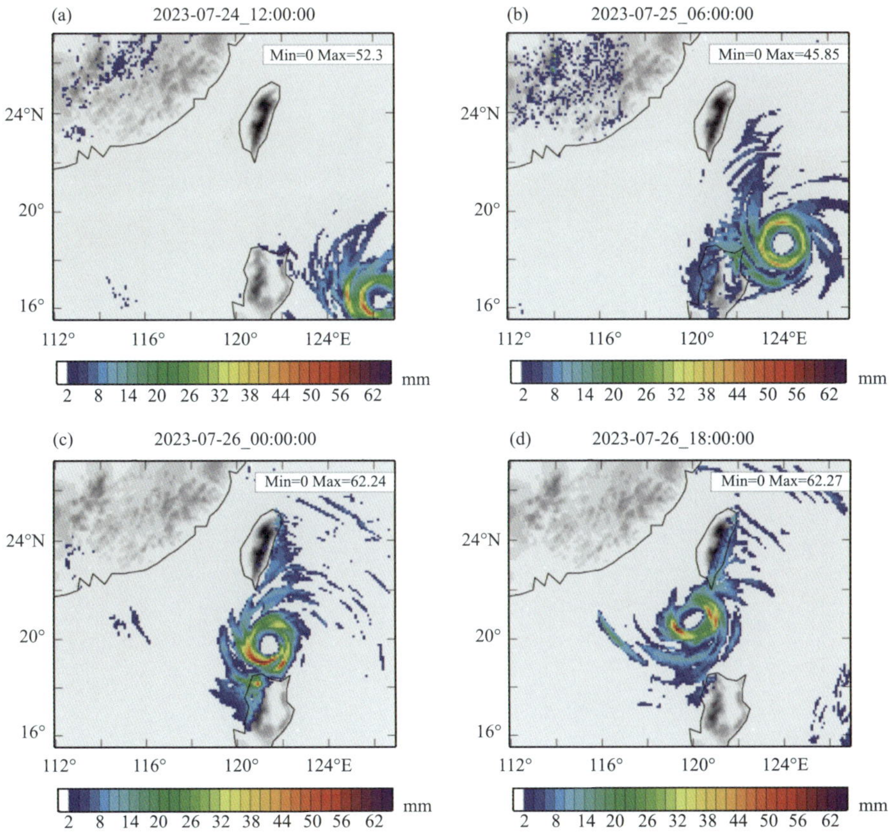

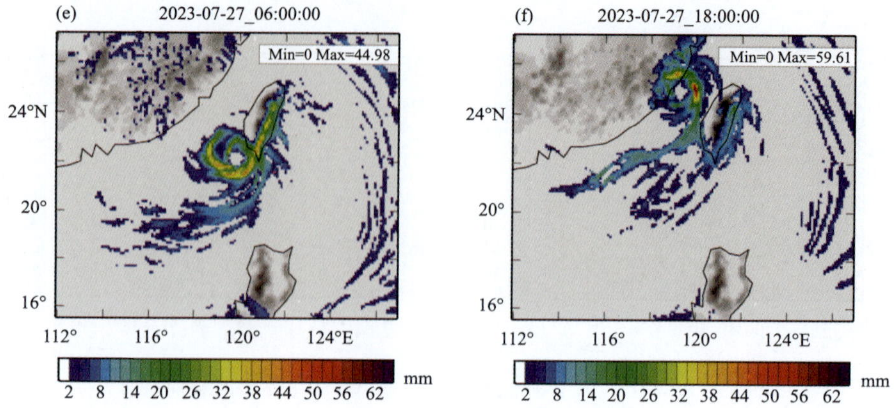

图 6.26　台风雨带

（参照 https://www.ncl.ucar.edu/Applications/Scripts/WRF_pcp_2.ncl 绘制）

第 7 章　综合实习二：台风“温比亚”降水过程模拟

本章以 2018 年第 18 号超强台风“温比亚”为例，使用 WRF 模式对这次强台风登陆上海、江苏境内一段时间的降水过程进行模拟。

7.1　背景介绍

强热带风暴“温比亚”(英文名：Severe Tropical Storm Rumbia，国际编号：1818)为 2018 年太平洋台风季第 18 个被命名的风暴。台风“温比亚”于 2018 年 8 月 15 日 11 时生成，于 8 月 17 日 04 时 05 分前后在上海市浦东新区南部沿海登陆，于 8 月 21 日 02 时被中央气象台停止编号。截至 2018 年 8 月 22 日，台风“温比亚”致 31 人死亡，14 人失踪，8 省 1493.5 万人受灾。

8 月 16 日 05 时，台风“温比亚”的中心位于浙江舟山偏东方约 250 km 的东海北部海面上，中心附近最大风力有 8 级(20 m/s)，中心最低气压为 992 hPa。自 8 月 17 日 04 时 05 分在上海市浦东新区以中心风力 9 级登陆后，快速移动穿行上海市区，给上海松江、静安等区带来了 1 h 累计降水量为 30 mm 左右的较大降水；之后一路从苏州进入无锡，穿过太湖湖面到达常州溧阳，又飞奔至南京溧水。自 8 月 17 日在江苏逗留了 7 h，给江苏大部地区带来了一天一夜的狂风暴雨，堪称“雨王”。据江苏气象统计，16 日 17 时—17 日 17 时，淮河以南出现区域性大暴雨，317 个乡镇(街道)达到大暴雨级别，约占四分之一个江苏。其中，宜兴和桥镇累计降水量 274.4 mm，达到了特大暴雨级别；大半个江苏出现 8 级以上大风，还有 40 个乡镇(街道)出现 10 级以上大风，苏通大桥苏通桥南最大风力达到了 12 级。南京的狂风暴雨也持续了一整个白天，直到 17 日 18 时，台风中心到达安徽巢湖境内，逐渐远离南京，但是受到台风外围云系影响，南京大部地区的强降水还在持续。

7.2　模拟方案设置

该个例重点模拟台风“温比亚”登陆上海后，对上海和江苏等地降水造成的影响。参考日本气象厅台风路径及台风核心区移动的资料，根据台风“温比亚”移动的特点，设计如下模拟方案。

(1)模拟时段选取

台风“温比亚”在 2018 年 8 月 16 日 05 时在舟山附近，17 日 04 时 05 分登陆上海，17 日 06

时左右进入江苏省境内，在江苏境内停留 7 h 左右，引起江苏大部分地区的暴雨和大风天气，因此，台风“温比亚”对上海和江苏降水的影响主要集中在 17 日白天的时段内。实验选取了 8 月 16 日 06 时—17 日 12 时共 30 h 的模拟时段进行模拟，模拟结果每小时输出 1 次，共输出 30 h 的模拟结果，其中 8 月 16 日 12 时—17 时 12 时的结果用于分析。

(2)模拟和嵌套区域选取

参考日本气象厅提供的台风“温比亚”的中心移动路径雷达图，将模拟区域设置在以(122.5°E,30°N)为中心，外区域(d01)水平分辨率为 18 km，网格为 216×186，内区域(d02)水平分辨率为 6 km，网格为 223×223 的二重嵌套范围内。垂直方向 36 层，大气顶气压 50 hPa。

7.3　实习目的

(1)强化运行 WRF 模式的基本操作流程。

(2)基于模式的整体运行步骤，实现 WRF 对一次降水过程的数值模拟。

7.4　实习内容和要求

(1)使用 WRF 模式，对台风“温比亚”引起的降水过程进行数值模拟方案的设计、数值模拟的实践活动。

(2)可视化模拟结果。

7.5　实习步骤

7.5.1　运行 WPS 模块

(1)资料准备

下载所需的静态地理数据，存放于/home/mss/workspace/geog 中，选择所需的分辨率变量进行解压。本例仍选取 5′分辨率的数据，数据解压方法与第 6 章相同，这里不再赘述。

因台风“温比亚”个例设置模拟区域的水平分辨率较高，所需资料选取了 0.25°×0.25°，每隔 6 h 一次的 FNL 再分析资料驱动模式，所需资料可在 https://rda.ucar.edu/ datasets/ds083.3/网站上下载，下载后保存于/home/mss/workspace/data/fnl20180816 目录中(fnl20180816 为新建目录)。个例模拟时段为 8 月 16 日 06 时—17 日 12 时，共计 30 h，因此下载 FNL 同期 30 h 的资料。数据下载完毕后，可使用 cd 命令进入存储数据目录查看目录内容(图 7.1)。

```
cd /home/mss/workspace/data/ fnl20180816
```

```
[mss@localhost fnl20180815]$ ls
gdas1.fnl0p25.2018081506.f00.grib2  gdas1.fnl0p25.2018081600.f00.grib2
gdas1.fnl0p25.2018081512.f00.grib2  gdas1.fnl0p25.2018081606.f00.grib2
gdas1.fnl0p25.2018081518.f00.grib2  gdas1.fnl0p25.2018081612.f00.grib2
```

图 7.1　大气再分析数据列表

(2)修改 namelist. wps 文件

进入 WPS 模块：

cd /home/mss/workspace/build-wrf/WPS-4. 2

形成个例模拟所用的 namelist. wps 文件：

cp namelist. wps namelist. wps. bk

mv namelist. wps namelist. wps. Rumbia

vi namelist. wps. Rumbia

ln -sf namelist. wps. Rumbia namelist. wps

在 namelist. wps 文件中，对“温比亚”登陆时段、模拟区域、嵌套信息、分辨率、投影方式，以及输入输出路径、文件格式等进行设置(具体操作参见第 6 章)。地图投影方式采用 mercator 投影方式，ungrib 部分生成文件的前缀为 GFS。Rumbia 个例使用的 namelist. wps 如图 7. 2 所示。

```
&share
 wrf_core = 'ARW',
 max_dom = 2,
 start_date = '2018-08-16_06:00:00','2018-08-16_06:00:00','2018-08-15_06:00:00',
 end_date   = '2018-08-17_12:00:00','2018-08-17_12:00:00','2018-08-15_12:00:00',
 interval_seconds = 21600
 io_form_geogrid = 2,
/

&geogrid
 parent_id         =   1,   1,   2,
 parent_grid_ratio =   1,   3,   3,
 i_parent_start    =   1,  95,  56,
 j_parent_start    =   1,  44,  56,
 e_we              =  216, 223, 334,
 e_sn              =  186, 223, 334,

 geog_data_res = 'default','default','default',
 dx = 18000,
 dy = 18000,
 map_proj = 'mercator',
 ref_lat   =  30.0,
 ref_lon   = 122.5,
 truelat1  =  30.0,
 truelat2  =  60.0,
 stand_lon = -98.0,
 geog_data_path = '/home/mss/workspace/geog/'
/

&ungrib
 out_format = 'WPS',
 prefix = 'GFS',
/

&metgrid
 fg_name = 'GFS',
 io_form_metgrid = 2,
/
```

图 7. 2　namelist. wps 文件

(3)WPS 各模块运行

① geogrid 模块

链接注册文件表和可执行文件：

ln-sf /home/mss/workspace/build-wrf/WPS-4. 2/geogrid/src/geogrid. exe . /geogrid. exe

运行产生可执行文件：

. /geogrid. exe

运行后查看是否生成 geo_em. d01. nc 和 geo_em. d02. nc 两个文件(图 7. 3)。

```
[mss@localhost WPS-4.2]$ ls geo*nc
geo em.d01.nc  geo em.d02.nc
```

图 7. 3　区域和嵌套信息文件

使用 util 目录下 WRF 自带的 ncl 程序 plotgrids_new. ncl 可生成图像化的模拟区域信息(图 7. 4)。

cp /home/mss/workspace/build-wrf/WPS-4. 2/util/plotgrids_new. ncl .

ncl plotgrids_new. ncl

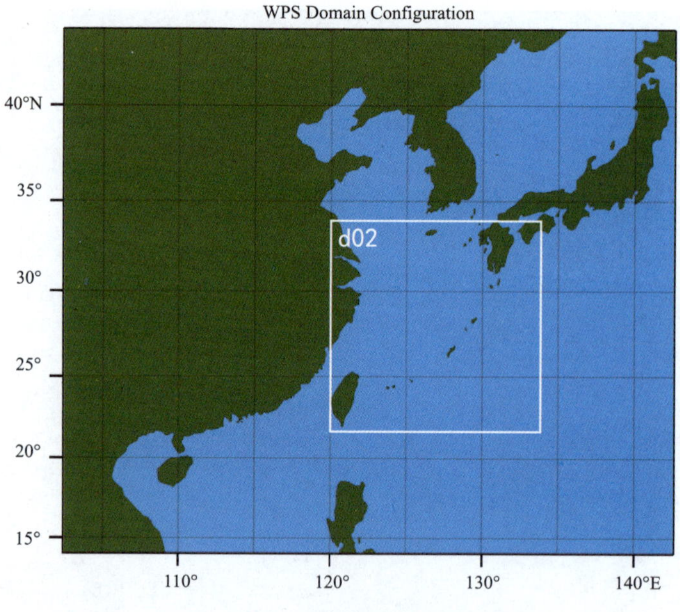

图 7. 4　模拟区域设置

②ungrib 模块

链接气象场、变量注册表及可执行文件在当前目录下：

cd /home/mss/workspace/build-wrf/WPS-4. 2

ln -sf ./ungrib/src/ungrib.exe

ln -sf ./ungrib/Variable_Tables/Vtable.GFS Vtable

./link_grib.csh /home/mss/workspace/data/fnl20180816/gdas1.fnl *

运行后可查看是否生成临时文件 GRIBFILE * 文件(图 7.5)。

```
[mss@localhost WPS-4.2]$ ls GRIB*
GRIBFILE.AAA  GRIBFILE.AAB  GRIBFILE.AAC  GRIBFILE.AAD
```

图 7.5　grib 文件列表

运行可执行文件，产生解码资料：

./ungrib.exe

可查看当前目录是否生成 GFS 临时文件(图 7.6)。

```
[mss@localhost WPS-4.2]$ ls GFS*
GFS:2018-08-16_06  GFS:2018-08-16_12  GFS:2018-08-16_18
```

图 7.6　GFS 文件列表

③metgrid 模块

链接注册表和可执行文件，并执行该文件：

ln -sf ./metgrid/src/metgrid.exe

运行可执行文件，即

./metgrid.exe

检查是否产生 met * nc 资料，如运行成功，则在当前目录下产生如图 7.7 所示的 met * 文件列表。

```
[mss@localhost WPS-4.2]$ ls met*nc
met_em.d01.2018-08-16_06:00:00.nc
met_em.d01.2018-08-16_12:00:00.nc
met_em.d01.2018-08-16_18:00:00.nc
```

图 7.7　met 文件列表

至此，前处理模块 WPS 运行结束。

7.5.2　运行 WRF 主模块

(1)修改 namelist.input

进入 WRF 模块中的个例目录，通过编辑修改 namelist.input 文件，形成 Rumbia 个例模拟的 namelist.input 文件，具体操作如下：

cd /home/mss/workspace/case/Rumbia

cp namelist.input namelist.input.bk

mv namelist. input namelist. input. Rumbia

vi namelist. input. Rumbia

ln -fs namelist. input. Rumbia namelist. input

基于图 7. 8 至图 7. 11，对 namelist. input 进行修改，产生适合模拟台风“温比亚”降水的 namelist. input 文件。

```
&time_control
run_days                = 1,
run_hours               = 0,
run_minutes             = 0,
run_seconds             = 0,
start_year              = 2018, 2018, 2018,
start_month             = 08,   08,   08,
start_day               = 16,   16,   16,
start_hour              = 06,   06,   06,
end_year                = 2018, 2018, 2018,
end_month               = 08,   08,   08,
end_day                 = 17,   17,   17,
end_hour                = 12,   12,   12,
interval_seconds        = 21600
history_interval        = 60,   60,  60,
frames_per_outfile      = 1,    1,    1,
input_from_file         = .true.,.false.,.false.,
restart                 = .false.,
restart_interval        = 60,
io_form_history         = 2,
io_form_restart         = 2,
io_form_input           = 2,
io_form_boundary        = 2,
debug_level             = 0,
auxinput4_inname        = "wrflowinp_d<domain>"
auxinput4_interval      = 360,
io_form_auxinput4       = 2
/
```

图 7. 8　namelist. input 文件中模拟时间设置

(2)初、边值条件形成

链接注册表和可执行文件：

cd /home/mss/workspace/case/Rumbia

ln -sf /home/mss/workspace/WRF4. 2/main/real. exe

ln -sf /home/mss/workspace/WRF4. 2/main/wrf. exe

用 ln 命令把 WPS 生成的以 met 打头的文件链接到当前目录下并查看文件链接是否正确(图 7. 12)：

ln -sf /home/mss/workspace/build-wrf/WPS-4. 2/met_em. d0 * .

运行可执行文件 real. exe，即

. /real. exe

查看是否生成日志文件 rsl. out. 0000 和 rsl. error. 0000，由此判断运行正确与否 (图 7. 13)。

```
&domains
time_step                    = 90,
time_step_fract_num          = 0,
time_step_fract_den          = 1,
max_dom                      = 2,
e_we                         = 216,    223,   334,
e_sn                         = 186,    223,   334,
e_vert                       = 36,    36,    36,
p_top_requested              = 5000,
num_metgrid_levels           = 32,
num_metgrid_soil_levels      = 4,
dx                           = 18000, 6000,  2000,
dy                           = 18000, 6000,  2000,
grid_id                      = 1,     2,     3,
parent_id                    = 0,     1,     2,
i_parent_start               = 1,     95,    56,
j_parent_start               = 1,     44,    56,
parent_grid_ratio            = 1,     3,     3,
parent_time_step_ratio       = 1,     3,     3,
feedback                     = 1,
smooth_option                = 0
/
```

图 7.9　namelist. input 文件中模拟区域及嵌套设置

```
&physics
 physics_suite                = 'CONUS'
 mp_physics                   = 6,     6,     6,
 cu_physics                   = 1,     0,     0,
 ra_lw_physics                = 1,     1,     1,
 ra_sw_physics                = 1,     1,     1,
 bl_pbl_physics               = 1,     1,     1,
 sf_sfclay_physics            = 1,     1,     1,
 sf_surface_physics           = 2,     2,     2,
 radt                         = 18,   18,    18,
 bldt                         = 0,     0,     0,
 cudt                         = 5,     5,     5,
 icloud                       = 1,
 num_land_cat                 = 21,
 sf_urban_physics             = 0,     0,     0,
 sst_update                   = 1
 isfflx                       = 1
/
```

图 7.10　namelist. input 文件中物理过程参数化设置

如运行正确，则可生成初始场 wrfinput_d01、wrfinput_d02 和边界场 wrfbdy_d01。与 namelist. input 使用了四维变分同化 fdda 等设置相对应，也生成了相应的 wrffdda * 、wrflowinp * 等文件（图 7.14）。

```
&dynamics
hybrid_opt                    = 2,
w_damping                     = 0,
diff_opt                      = 1,       1,       1,
km_opt                        = 4,       4,       4,
diff_6th_opt                  = 0,       0,       0,
diff_6th_factor               = 0.12,    0.12,    0.12,
base_temp                     = 290.
damp_opt                      = 3,
zdamp                         = 5000.,   5000.,   5000.,
dampcoef                      = 0.2,     0.2,     0.2
khdif                         = 0,       0,       0,
kvdif                         = 0,       0,       0,
non_hydrostatic               = .true.,  .true.,  .true.,
moist_adv_opt                 = 1,       1,       1,
scalar_adv_opt                = 1,       1,       1,
gwd_opt                       = 1,
/

&bdy_control
spec_bdy_width                = 5,
specified                     = .true.
/

&grib2
/

&namelist_quilt
nio_tasks_per_group = 0,
nio_groups = 1,
/
```

图 7.11　namelist.input 文件中动力过程及边界信息设置

```
[mss@localhost RUMBIA]$ ls met*nc
met_em.d01.2018-08-16_06:00:00.nc  met_em.d01.2018-08-17_00:00:00.nc
met_em.d01.2018-08-16_12:00:00.nc  met_em.d01.2018-08-17_06:00:00.nc
met_em.d01.2018-08-16_18:00:00.nc  met_em.d01.2018-08-17_12:00:00.nc
```

图 7.12　WRF 目录下 met 文件列表

```
[mss@localhost RUMBIA]$ ls rsl*
rsl.error.0000  rsl.out.0000
[mss@localhost RUMBIA]$ tail rsl.out.0000
d01 2018-08-17_12:00:00 Turning off use of TROPOPAUSE level data in vertical interpolation
Using sfcprs3 to compute psfc
d01 2018-08-17_12:00:00 No average surface temperature for use with inland lakes
 Assume Noah LSM input
d01 2018-08-17_12:00:00 forcing artificial silty clay loam at  329 points, out of  39775
d01 2018-08-17_12:00:00 Timing for processing          1 s.
 LBC valid between these times 2018-08-17_06:00:00 and 2018-08-17_12:00:00
d01 2018-08-17_12:00:00 Timing for output          1 s.
d01 2018-08-17_12:00:00 Timing for loop #    6 =          3 s.
d01 2018-08-17_12:00:00 real_em: SUCCESS COMPLETE REAL_EM INIT
```

图 7.13　real.exe 运行查看

```
[mss@localhost RUMBIA]$ ls wrfinput* wrfbdy* wrflow* wrffdda*
wrfbdy_d01  wrffdda_d01  wrfinput_d01  wrflowinp_d01
```

图 7.14　模式初始场、边界场的生成

(3)WRF 运行

运行文件 wrf. exe：

. /wrf. exe

可用如下命令实现双 CPU、后台提交作业的方式提交作业：

nohup mpirun -n 2 . /wrf. exe > wrf. log 2>&1 &

提交作业后，用 top 命令查看 WRF 运行进程查到作业的 ID（6147 和 6148，见图 7.15）。

```
top - 13:09:49 up  1:59,  2 users,  load average: 0.16, 0.09, 0.08
Tasks: 226 total,   6 running, 220 sleeping,   0 stopped,   0 zombie
%Cpu(s): 92.8 us,  1.3 sy,  0.0 ni,  0.8 id,  0.0 wa,  4.8 hi,  0.2 si,  0.0 st
MiB Mem :  3665.7 total,   255.9 free,   3208.7 used,    201.0 buff/cache
MiB Swap:  4052.0 total,  3600.4 free,    451.6 used.    224.7 avail Mem

  PID USER      PR  NI    VIRT    RES    SHR S  %CPU  %MEM     TIME+ COMMAND
 6148 mss       20   0 1659200   1.2g  28268 R  92.7  34.1   0:06.55 wrf.exe
 6147 mss       20   0 1673076   1.2g  33140 R  90.4  34.6   0:06.48 wrf.exe
 2612 mss       20   0 3754212 313140  52572 S   3.0   8.3   5:15.18 gnome-shell
 2403 mss       20   0  522324 105720  36360 S   0.7   2.8   1:23.73 Xorg
 6149 mss       20   0  264248   4016   3108 R   0.7   0.1   0:00.03 top
   44 root       0 -20       0      0      0 I   0.3   0.0   0:00.63 kworker/1:1H-kblockd
  844 root      20   0  224912   2008   1520 S   0.3   0.1   0:00.13 ksmtuned
 1027 root      20   0  504656    116      0 S   0.3   0.0   0:07.28 VBoxDRMClient
 6079 root      20   0       0      0      0 I   0.3   0.0   0:00.13 kworker/0:2-ata_sff
    1 root      20   0  175680   8236   3840 R   0.0   0.2   0:02.37 systemd
```

图 7.15　作业运行队列

此时，可通过 lail 命令检查输出日志，以监督运行情况(图 7.16)，并通过 ls 命令查看生成文件列表(图 7.17)：

tail rsl. error. 0000

```
[mss@localhost RUMBIA]$ tail rsl.error.0000
Timing for main: time 2018-08-16_06:55:30 on domain   2:    2.71696 elapsed seconds
Timing for main: time 2018-08-16_06:55:30 on domain   1:   17.09983 elapsed seconds
Timing for main: time 2018-08-16_06:56:00 on domain   2:    2.75380 elapsed seconds
Timing for main: time 2018-08-16_06:56:30 on domain   2:    2.81750 elapsed seconds
Timing for main: time 2018-08-16_06:57:00 on domain   2:    2.81160 elapsed seconds
Timing for main: time 2018-08-16_06:57:00 on domain   1:   11.50928 elapsed seconds
Timing for main: time 2018-08-16_06:57:30 on domain   2:    3.23140 elapsed seconds
Timing for main: time 2018-08-16_06:58:00 on domain   2:    2.77294 elapsed seconds
Timing for main: time 2018-08-16_06:58:30 on domain   2:    3.01576 elapsed seconds
Timing for main: time 2018-08-16_06:58:30 on domain   1:   12.48226 elapsed seconds
```

图 7.16　运行时间查看

```
[mss@localhost RUMBIA]$ ls wrfout* wrfrst*
wrfout_d01_2018-08-16_06:00:00  wrfout_d01_2018-08-16_08:00:00
wrfout_d01_2018-08-16_07:00:00  wrfout_d02_2018-08-16_06:00:00
```

图 7.17 输出文件列表

全部运行结束后，也可通过查看 rsl. out. 0000 确定运行是否正常结束。若正常结束，则在文件末尾显示：

d01_2018-08-17_12:00:00 wrf: SUCCESS COMPLETE WRF

在本例中，模式每小时输出 1 次，每天输出 24 次，所有时次生成一个文件；为了克服机时和存储空间不足导致的模拟中断，方便模式模拟进行，设置 restart 文件输出频率为每小时输出 1 次，以方便重启文件。

至此，WRF 模式运行完成。

7.5.3 模拟结果可视化

使用上述模拟结果，可以对模拟结果进行可视化，图 7.18 给出模拟区地形图。

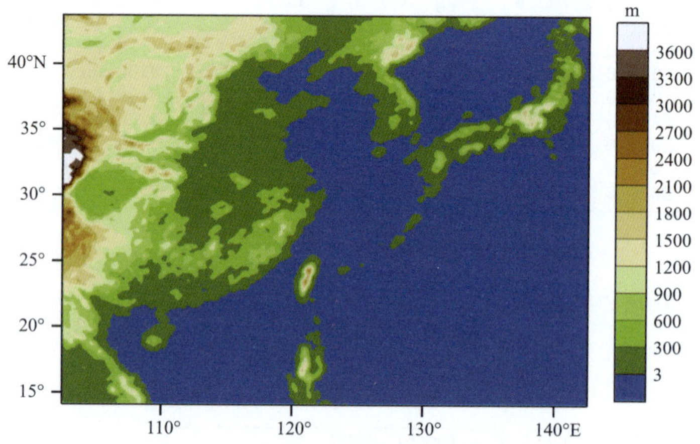

图 7.18 模拟区域地形

（参考 https://www. ncl. ucar. edu/Applications/Scripts/wrf_gsn_2. ncl 绘制）

本次模拟重点分析了台风“温比亚”登陆我国上海并途经江苏、安徽等省（市）时对我国不同区域降水造成的影响。下面展示了台风“温比亚”不同时次 2 h 的降水倾向（图 7.19）和累计降水（图 7.20）。

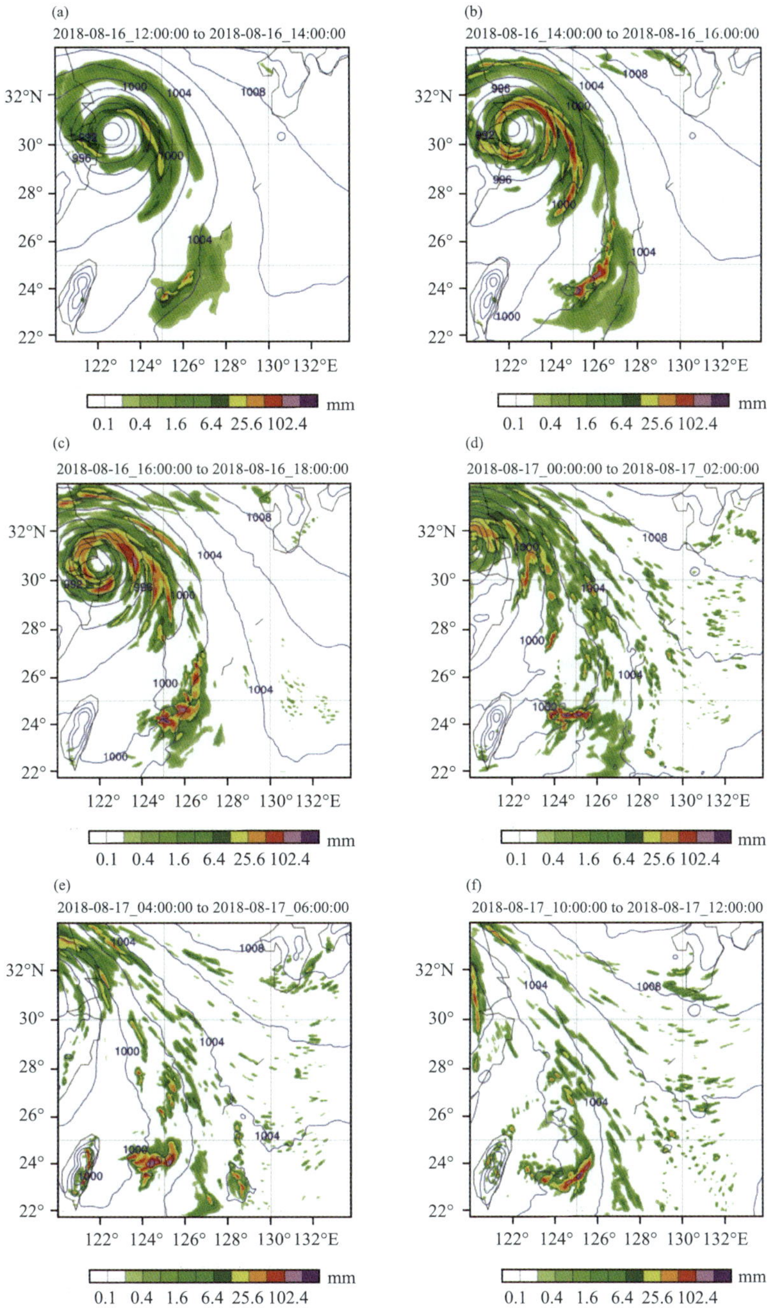

图 7.19　2 h 降水倾向

（参考 https://www2.mmm.ucar.edu/wrf/OnLineTutorial/Graphics/NCL/Examples/PRECIP/wrf_Precip_multi_files.ncl 绘制）

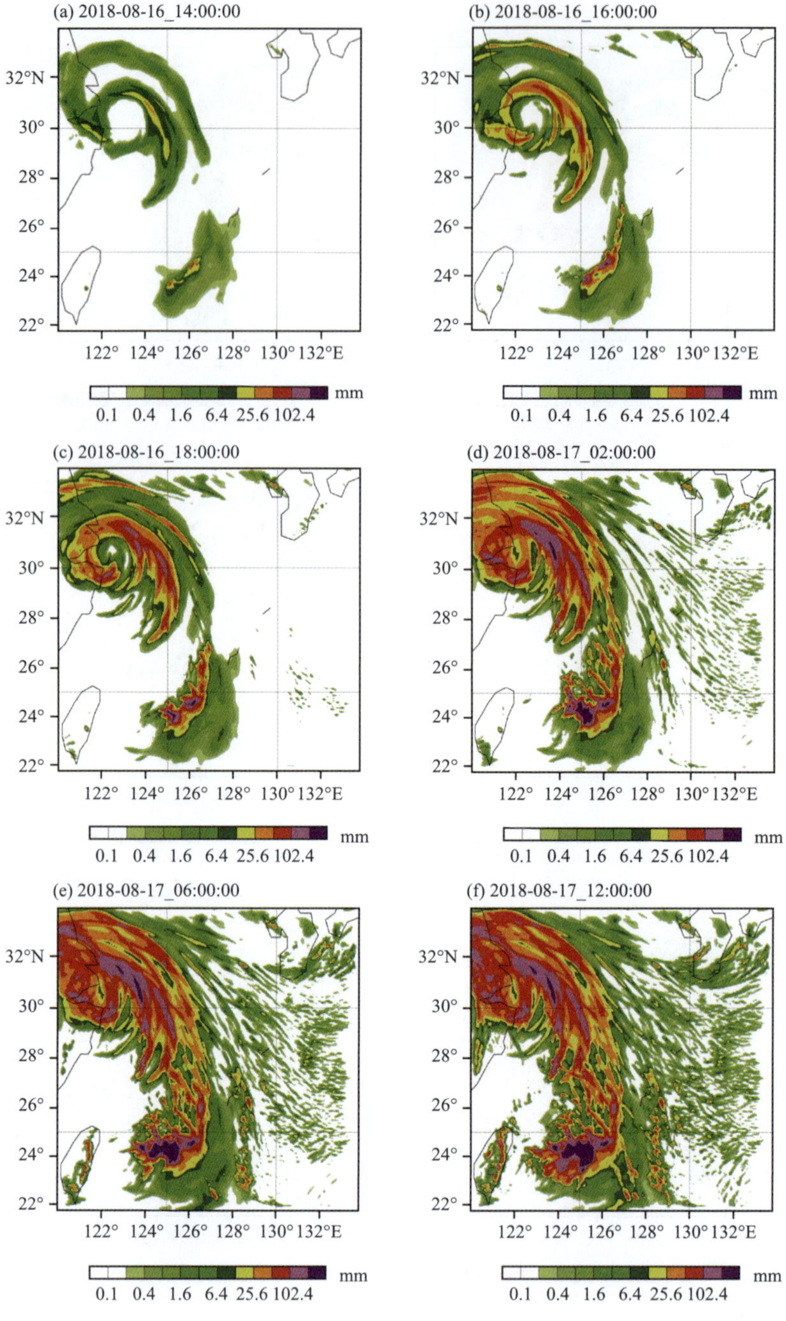

图 7.20　累计降水

（参考 https://www2.mmm.ucar.edu/wrf/OnLineTutorial/Graphics/NCL/Examples/PRECIP/wrf_Precip_multi_files.ncl 绘制）